人造一个太阳

——现代能源99

主 编 中国科普作家协会少儿专业委员会

执行主编 郑延慧

作 者 刘先曙 叶紫

广西科学技术出版社

图书在版编目（CIP）数据

人造一个太阳：现代能源99/ 刘先曙，叶紫著. —南宁：广西科学技术出版社，2012.8（2020.6 重印）

（科学系列99丛书）

ISBN 978-7-80619-935-0

Ⅰ．①人… Ⅱ．①刘… ②叶… Ⅲ．①能源—青年读物 ②能源—少年读物 Ⅳ．① TK01-49

中国版本图书馆CIP数据核字（2012）第191038号

科学系列99丛书
人造一个太阳
　　——现代能源99
RENZAO YIGE TAIYANG——XIANDAI NENGYUAN 99
刘先曙　叶紫　著

责任编辑	黎志海	封面设计	叁壹明道
责任校对	黄博威	责任印制	韦文印

出 版 人　卢培钊

出版发行　广西科学技术出版社
　　　　　（南宁市东葛路66号　邮政编码530023）

印　　刷　永清县晔盛亚胶印有限公司
　　　　　（永清县工业区大良村西部　邮政编码065600）

开　　本　700mm×950mm　1/16

印　　张　13

字　　数　167千字

版次印次　2020年 6 月第1版第4次

书　　号　ISBN 978-7-80619-935-0

定　　价　25.80元

本书如有倒装缺页等问题，请与出版社联系调换。

少年科学文库

致二十一世纪的主人

钱三强

　　时代的航船已进入 21 世纪，在这时期，对我们中华民族的前途命运，是个关键的历史时期。现在 10 岁左右的少年儿童，到那时就是驾驭航船的主人，他们肩负着特殊的历史使命。为此，我们现在的成年人都应多为他们着想，为把他们造就成 21 世纪的优秀人才多尽一份心，多出一份力。人才成长，除主观因素外，在客观上也需要各种物质的和精神的条件，其中，能否源源不断地为他们提供优质图书，对于少年儿童，在某种意义上说，是一个关键性条件。经验告诉人们，往往一本好书可以造就一个人，而一本坏书则可以毁掉一个人。我几乎天天盼着出版界利用社会主义的出版阵地，为我们 21 世纪的主人多出好书。广西科学技术出版社在这方面做出了令人欣喜的贡献。他们特邀我国科普创作界的一批著名科普作家，编辑出版了大型系列化自然科学普及读物——《少年科学文库》以下简称《文库》。《文库》分"科学知识"、"科技发展史"和"科学文艺"三大类，约计 100 种。《文库》除反映基础学科的知识外，还深入浅出地全面介绍当今世界最新的科学技术成就，充分体现了 20 世纪 90 年代科技发展的前沿水平。现在科普读物已有不少，而《文库》这批读物特具魅力，主要表现在观点新、题材新、角度新和手法新，内容丰富，覆盖面广，插图精美，形式活泼，语言流畅，通俗易懂，富于科学性、可读性、趣味性。因此，说《文库》是开启科技知识宝库的钥匙，缔造 21 世纪人才的摇篮，并不夸张。《文库》将成

为中国少年朋友增长知识、发展智慧、促进成才的亲密朋友。

亲爱的少年朋友们，当你们走上工作岗位的时候，呈现在你们面前的将是一个繁花似锦的、具有高度文明的时代，也是科学技术高度发达的崭新时代。现代科学技术发展速度之快，规模之大，对人类社会的生产和生活产生影响之深，都是过去无法比拟的。我们的少年朋友，要想胜任驾驭时代航船，就必须从现在起努力学习科学，增长知识，扩大眼界，认识社会和自然发展的客观规律，为建设有中国特色的社会主义而艰苦奋斗。

我真诚地相信，在这方面《少年科学文库》将会对你们提供十分有益的帮助，同时我衷心地希望，你们一定为当好 21 世纪的主人，知难而进，锲而不舍，从书本、从实践吸取现代科学知识的营养，使自己的视野更开阔、思想更活跃、思路更敏捷，更加聪明能干，将来成长为杰出的人才和科学巨匠，为中华民族的科学技术实现划时代的崛起，为中国迈入世界科技先进强国之林而奋斗。

亲爱的少年朋友，祝愿你们奔向 21 世纪的航程充满闪光的成功之标。

写在前面的话

　　能源是人类生存的保障，人们的衣、食、住、行，都需要能源。就是在古老的原始时代，我们的祖先没有能源也无法生存，因为他们赖以生存的肉食和植物性食物，都是靠太阳这个巨大的能源生长出来的。有一句话叫"万物生长靠太阳"，可以说是至理名言。

　　古时候人们还不知道煤和石油及天然气，主要靠阳光取暖，那时，火还没有出现，古人只能过着茹毛饮血的原始生活，因此太阳能可以说是人类最早利用的天然能源。后来，人类从天然发生的火灾中知道了"火"这个东西，有时从石块的相互碰撞中也发现有火花。他们发现用火烧过的食物味道"好极了"，从此发明了钻木取火的方法，用柴草烧烤食物，改变了生吃食物的习惯，走上了自觉利用能源之路。

　　原始社会之后，人们不断发现新的能源，如开始利用狗等畜力帮助狩猎，利用自然风力驾船，后来，又开始利用水力灌溉农田和加工食物等。人类社会每前进一步，就在利用能源的水平上提高一步。煤和石油及天然气等矿物燃料的发现，更使能源的利用达到了新的水平。自从人类发明了蒸汽机、涡轮机、发动机、发电机、电动机等许多新式能源动力装置后，出现了火车、汽车、轮船和飞机，以及各种机械设备，能源需要大大增加，直到最后发生了所谓的能源危机。特别是，人们认识了能量的守恒和转化规律，出现了用各种能源使之转化为电能的发明，电能的广泛普及应用，使人类进入一个电气化时代。

　　自从20世纪70年代中东国家对西方发达国家实行石油禁运之后，

全世界真是一片恐慌，到处嚷嚷有能源危机，因为那时在许多西方发达国家，汽车没有油，经常停在马路上等着用马车拉回家哩！但人类毕竟是高级动物，他们有智力、聪明，不久就想出了许多办法。心想，在没有石油之前，人类不也活得有滋有味吗？难道除了石油就不能利用别的能源了吗？其实，能源到处都是，就看你会不会开发、利用。

经过一阵短暂的慌乱之后，人们镇静下来，开始思考如何利用各种除石油和煤以外的新能源，并取得了前所未有的大发展。这20多年来，利用新能源的方式层出不穷，像太阳能、风能、地热能、海洋能、生物质能、核能、氢能等许多新能源的利用都取得了喜人的成果。人们也终于得出了新的看法，只要充分发挥人的智力这种万能动力，人类就有取之不尽的能源。我们在这本书中想通过一个一个的故事告诉大家，人类是怎样动脑筋想办法开发利用各种能源的。

每个故事虽然是独立的，并且只涉及一种能源，但通过全书的故事，我们可以从中了解人类利用太阳能、风能、地热能、海洋能、生物质能、核能、氢能等许多新老能源的整体情况。

目　录

1 黑石头带到欧洲

——煤的开发利用

元代初期，意大利旅行家马可·波罗（公元 1254～1324 年）到中国旅行，从公元 1275 年 5 月到内蒙古多伦西北部，至公元 1292 年年初离开中国，游历了新疆、甘肃、内蒙、山西、陕西、四川、云南、山东、浙江、福建和北京等大半个中国。他在各地看到中国人用一种黑糊糊的"石头"烧火做饭，还用来炼铁，感到很新奇，后来他还把这种马可·波罗在元朝初到中国游历时，看到"黑石头"能烧火做饭感到新奇"黑石头"带回欧洲，因为当时的欧洲人都是用木炭作燃料，还不知这种"黑石头"为何物。

马可·波罗回国后，1298 年在威尼斯与热那亚的战争中被俘。他在狱中口述了在中国的见闻，由同狱的鲁思梯谦笔录成《马可·波罗行纪》一书，其中专门谈到了中国这种可以炼铁的"黑石头"及其用法。其实这种黑石头就是现在人人皆知的煤。欧洲人那时不知道煤可以作燃料，直到 16 世纪，欧洲人才开始用煤炼铁。煤有很高的热值，能熔炼熔点很高的铁。欧洲炼铁比中国要晚 1000 多年，和他们那时不知道煤的作用有很大关系。

考古学家证明，我国早在汉代就已普遍用煤作燃料。在河南巩县铁生沟和古荣镇等西汉冶铁遗址都发现了煤饼和煤屑。在《后汉书》这部书中记载："县有葛乡，有石炭二顷，可燃以爨（cuàn）。"意思是说，该县有一处叫葛乡的地方，那里有二顷地的范围生产石炭，用它可以烧饭。可见，当时用煤烧火做饭在民间已经相当普及。

1

马可·波罗在元朝初到中国游历时，看到"黑石头"能烧火做饭感到新奇

　　到晋代及十六国时期，采煤炼铁的技术已传到边疆。古书《水经注·河水篇》里记载："屈茨北二百里有山（即突厥金山），人取此山石炭，冶此山铁，恒充三十六国用。"说明当时用煤来冶炼铁的规模之大。

　　古时，人们把煤称为石炭、石涅或石墨等，别看其面墨黑，却也成为古人赋诗的对象。如南朝陈代的张居正写有"奇香分细雾，石炭捣轻纨"的诗句，唐代李峤存写有"长安分石炭，上党结松心"的诗句。

　　直到现在，煤仍是社会生产生活中的主要能源。我国现在是世界上产煤最多的国家，年产量达 12 亿吨之多。煤不仅是钢铁生产、火力发电的主要燃料，也是重要的化工原料，它为人类作出了巨大的贡献，今后也仍会大有作为。

但是，烧煤给大气造成严重污染，近年来已引起人们的抱怨。烧煤产生大量的二氧化硫和二氧化碳，二氧化硫遇水会形成酸雨，二氧化碳会使地球气温升高，产生温室效应。温室效应会使南极冰川融化，使海平面水位上升，这样世界上许多沿海城市有可能遭到"水漫金山"之患，甚至遭灭顶之灾。如果大气温度升高3～5摄氏度，南极冰帽会基本消失，海平面会上升4～5米；美国大陆48个州将减少1.5%的陆地，有6%的人口必须搬迁；亚洲人口密集的沿海地区也都会受到威胁。

尽管温室效应造成的影响是缓慢的，但日积月累，在几十年至一百年之内，还是会造成严重的经济损失的。因此节省燃料尤其是煤炭的燃烧，减少有害气体和二氧化碳的排放，已成为当今世界环境保护中最重要的课题之一。

2　后来居上

——煤和木炭之战

煤在地下有丰富的蕴藏量，现在全世界已探明的煤炭储量，至少在1万亿吨以上。仅我国已探明的煤炭储量就至少有1660亿吨以上。但在古代，由于对煤的认识不深，使这种"黑不溜秋"的东西长期靠边站。真正大量开采应用，是从300多年前才开始的。比如，到16世纪为止，英国就一直是用木炭熔化铁矿石。由于炼铁消耗的木炭量极大，很快木炭就供不应求，这时才有人想起来是不是可以用煤炼铁。

欧洲人用煤炼铁比中国晚。到1528年，英国的瓦鲁杰成功地用煤熔化了锡矿石，但用煤熔化铁矿石却一直没有成功，可见事情不那么简单。一直到1611年，英国人斯达特邦德经过不懈努力，终于找到了用

煤炼铁的方法，并获得了一项专利。但他的专利不那么灵光，因为有人用他的方法就是炼不出铁来。后来发现，还是煤本身的问题，原来有些煤中含有大量的硫，煤燃烧时产生的硫化物使炼铁的温度老是上不去。

斯达特邦德为此又想了一个办法，就是先将煤蒸馏，把煤中的硫去掉变成焦炭，再用焦炭炼铁，这一招果然灵验，从此用煤炼焦成了一门学问。但事情还没有那么顺利。搞木炭行业的人因为害怕自己失业，就想尽种种办法阻碍炼焦行业。曾经有一个叫哥德利的英国人，对炼焦很有研究，他办了一个炼焦厂，由于受到木炭行业的不公平竞争，结果使工厂破产，后来因还不起债而进了监狱，最后悲愤而死。因此在这以后的 100 多年时间里，竟再没有人用煤炼铁。

1713 年，英国的达比父子不甘墨守成规，又想起了用煤炼铁的方法。这一次，他们终于用煤打败了木炭。原来当时木炭已供不应求，达比父子抓住时机，大炼焦炭。结果，许多炼铁行业纷纷建造使用煤的炼铁炉。由于炼焦需要煤，从此煤也就大量开采出来。

当时开采煤矿的技术非常原始，完全是人工用镐、凿和铁锹一点点挖，挖深后经常会遇到地下水渗出来，让人难以继续开采下去。这时，正好蒸汽机已经发明，因此就有人开始用蒸汽机作动力来排除矿山竖井中的水。而开动蒸汽机也是用煤作燃料。

3　地下工厂

——煤炭变煤气

19 世纪，蒸汽机得到普遍应用，又出现了许多新发明，使挖煤技术有了极大的发展，人们可以不用铁锹挖井了。1849 年，美国的科契

发明了用蒸汽驱动的钻岩机，这种钻岩机开始虽然很不理想，钻进速度慢如蜗牛，但开创了机械化采煤的先河。1867年，诺贝尔发明了高爆破力的火药后，新的挖煤技术"如虎添翼"。1879年，英格索尔对科契的钻岩机进行了改进，最后发明了效率极高的用压缩空气驱动的钻岩机。

从此，人们大量采用钻岩机在岩石上钻孔，然后在孔里放入炸药进行爆破，使开采速度大大增加。1897年，美国的莱比纳发明了一种叫截煤机的机器，这种机器可以先挖空煤的下层，再在煤的上层钻孔，然后在孔里放入炸药，将整个煤层炸开，使采煤速度又有了突破。直到现在，大部分煤炭基本上还是用这种技术开采出来的。

但不管这种技术多么先进，还是需要有人下井作业，需要把黑糊糊沉甸甸的煤送到地面，劳动强度很大。而且，在开采的矿井中，总是要残留许多无法开采的煤，因为那里煤层太薄，人无法进去作业。现在，仅我国就有300多处已经无法开采的报废煤矿，但那里的残煤数量仍然相当惊人，约为300亿吨。于是，从不满足现状的人类又想出了新花样，发明了煤的地下汽化技术。

煤的汽化其实早在17世纪就有人想到了，当时人们知道在蒸馏煤炭（即炼焦）时，产生的气体具有十分易燃烧的性质，不过当时没有人考虑把这种气体收集起来加以利用。

从煤中除掉可燃气体制成焦炭后，会留下一种泥浆状的焦油，但那时人们还没找到利用焦油的方法。结果，这些"无用"的东西的放置反而成了大伤脑筋的问题。1792年，英国的默多克对炼焦时产生的"极易燃烧的气体"产生了极大兴趣。

默多克首先想到把这种气体用在灯上。他用一口大铁锅装了许多煤密闭起来进行加热蒸馏，采集蒸馏煤时产生的气体，在自己家里和工厂里点燃了煤气灯。由于这件事进行得十分顺利，不久就推广开来。1807年，有人就在伦敦建立了一家煤气公司。从此，在伦敦到处都点上了煤气灯。

　　煤气公司也从此如雨后春笋般建立起来，它得到的副产品泥浆状焦油也不断增加，结果焦油的存放又成了一个无法解决的问题。当时，煤炭的汽化都是在地面上进行的，还没有考虑在地下进行汽化的问题。

　　直到 20 世纪初，才有人考虑煤炭地下汽化问题。前苏联、美国、英国等国在那时就对地下煤炭的汽化进行过大量研究，但至今也没有达到商业化的规模。近年来，我国在这方面有了可喜的进展。中国矿业大学煤炭地下汽化研究中心在吸收国内外先进技术的基础上，结合我国的实际，利用原有的报废煤矿，创造性地在徐州、唐山等煤矿进行了工业化煤炭汽化技术试验。

　　1995 年 5 月，唐山刘庄煤矿进行了煤炭地下汽化试验，因为这里可供地下汽化的残煤有 300 万吨以上。通过 9 个多月的运行，取得了丰硕的成果，每天可得到 12 万立方米的空气煤气和 5 万立方米的水煤气。所产的空气煤气可用来烧锅炉供暖，而锅炉中的水蒸气又可用来生产地下水煤气，水煤气又可供煤气公司作为燃料使用。

　　煤炭汽化技术的原理并不复杂，它是将高分子煤在地下原地用高温将其转变成低分子的燃气，再输送到地面。其方法大都是这样的：在煤矿井各开一个进气口和出气口，然后将煤层点燃，再从进气口用鼓风机吹进催化剂，使煤炭燃烧、汽化，就可以从出气口得到可燃的煤气。根据煤层通道中主要化学反应和煤气成分的不同，可将汽化过程沿汽化通道大致分成三个区域，即氧化区、还原区和干馏干燥区。这些过程都将沿着气流方向向出气口流动，产生的可燃气体主要是一氧化碳、氢气和甲烷，其成分比例随不同的催化剂和鼓风的方案而变化。

　　煤炭汽化有许多优点，它可以将建矿井、采煤、汽化三大工艺合而为一；可以开采报废的矿井中残留的人工无法挖掘的煤炭，提高能源开采率和利用率；能减轻工人的劳动强度，减少环境破坏和大气污染。因此这种技术越来越受到世界各国的重视，被称为第二代采煤技术。

4 "火井"的奥秘

——天然气的发现和利用

自古以来，我国四川一带吃的食盐，都是靠开凿盐井开采出来的。在开凿盐井时，盐工们发现，有的井中冒出的气体可以点燃。盐工们就把这种井称为"火井"。但他们并不知道火井里的这种气体到底是啥东西，只知道把火井着火时的情形描述一番。

例如，在《华阳国志》这本古书中记载："在蜀郡临县（今邛崃县）西南二百里，有火井，夜时光照上映。"另一部古书《后汉书·郡国志》中也记载说："在蜀郡临邛有火井，火井欲出其火，先以家火投之，须臾许，隆隆如雷声，灿然通天，光耀十里，以竹简盛之，接其光而无炭（灰）也，取井火还煮（盐）井水，一斛水得四五斗盐，家火煮之，不过二三斗盐耳。"

后一段话的意思是：四川临邛这个地方的盐井中，有气体可以点燃，想让它出火，先要用家里的火把它引燃，这样，用不了一会儿，就会听到像雷一样的隆隆声，火光冲天，十里（5千米）外都看得见。这种气体燃烧时没有炭灰，可以点火煮盐井水制盐，十斗（即一斛）盐水可熬出四五斗盐，如果用家里的普通炭火煮盐，十斗盐水熬出的盐也就二三斗（斗是古时的量器，一斗等于十升）。说明这种气体煮盐的出产率高，收益大。

宋代刘敬叔著的《异苑》一书中，还记载了三国时汉丞相诸葛亮曾亲临现场，察看临邛地区用这种火井中的气体煮盐的情况。火井中的气体被当地盐民利用后，大大节约了盐民为煮盐而采薪运炭的劳力。

据清代范锴写的《花笑顷杂笔》记载，临邛的一口气体旺盛的火井，可供几十只锅煮盐之用。那么火井中的气体到底是什么呢？刚开始大家都把它叫天然气，因为它是天然产生的，这个名字也一直沿用到现代。后来科学发达了，才揭开了天然气的奥秘，原来它的主要成分是甲烷，此外还有其他成分，如硫化氢等。甲烷是碳氢化合物，是一种可燃气体。

天然气是现代广泛应用的工业和民用燃料，尤受城镇居民的青睐。当天然气通过管道送到每家每户时，烧火做饭像开自来水一样方便，比烧煤要舒服干净得多。

天然气是中国在发明深井钻探技术后发现的，据在英国的中国科技史研究专家李约瑟说，西方的深井钻探技术比中国约落后 11 个世纪。但后来中国却落伍了。天然气的优点很多，一是生产成本低，一般比生产烟煤低 97％；二是开采天然气的劳动生产率高，比开采煤高 50 多倍，比开采石油高 5 倍。

使用天然气作为燃料，可简化工业生产程序，实现自动化，减轻劳动强度，减少空气污染，改善卫生条件。前苏联天然气研究所的研究人员证明，煤炭燃烧放出的有害气体比天然气高 15～60 倍。因此，现在世界上正在大力推广让汽车使用天然气做燃料。目前，意大利、美国、新西兰等国已总共有几十万辆用天然气作燃料的汽车。这种烧天然气的汽车，排出的废气很干净，不会出现堵塞发动机的情况。

美国还把纽约的 1000 多辆公共汽车、出租小汽车和卡车改为燃烧天然气，不再烧汽油，以实现净化城市空气的计划。据天然气专家预测，到 2010 年，天然气在总能源中所占的比例，将由 1985 年的 19％增加到 26％，超过石油的比例。

5 "洋油"的名字该进博物馆

——中国最早发现石油

新中国成立前，人们常把石油和从石油中提炼出来的汽油、煤油等油品叫做"洋油"。其实，最早发现石油的不是外国人，而是中国人。早在3000多年前，有一本叫《周易》的古书里面就记载过，在古代的一些沼泽地带和湖泊中，漂浮着一种能燃烧的东西，因此有沼泽中有火和火在水上浮动的描述。

在记载汉朝历史的史书中也说，有人在陕北和甘肃玉门早就发现过石油，说高奴县（今陕西北延长县地区）有一种可以燃烧的水，还说甘肃酒泉一带有一种水，像肉汤一样黏糊糊的，点燃后能发出很明亮的火光，当时的人们把这种东西叫石漆，因为它是黑糊糊黏兮兮的，可以用来油漆木器。

古时候中国的石油有许多别名，比如有人叫石油是石脂水，因为它常从石头缝中流出来；有人叫它雄黄油，因为它燃烧时浓烟滚滚，发出一股雄黄（硫黄）的气味。到了宋代，石油这个名字才正式出现，那是我国著名的科学家沈括在他写的《梦溪笔谈》一书中，给它取了"石油"这个名字。

但我国古代的石油，似乎主要不是用作能源，而是用作别的用途，比如将它涂在轴承上做润滑剂，用石油燃烧后剩下的烟灰做成墨，当然也有用它点灯的。在南北朝时，石油开始在战争中作为火攻的武器。公元578年，突厥族出兵围困甘肃酒泉城，眼看城池就要被攻破。酒泉这个地方产石油，城内军队早有准备，他们把蘸有石油的草把点上火，向

攻城的人群和爬上云梯的人猛扔，终于转危为安。

因此，我国石油的名字和它的作用，本来和"洋油"毫无关系，而且，我国早在公元 1521 年，就在四川打出了一口几百米深的产油竖井，比 1859 年美国埃德温·德雷克上校在宾夕法尼亚州泰特斯维尔钻的第一口油井要早 300 多年。

但是，从清朝以后，统治者腐败无能，中国沦为半殖民地，工业落后，连点灯用的油也从国外进口。民国时期，"洋油"、"洋火"的名词老少皆知，对石油这个名字则早已忘怀。直到新中国成立后，"洋油"的名字才送进了博物馆。

我国现在年产石油已达一亿多吨，不仅满足了国内的需要，还出口到国外。不过在新中国成立初期，曾经有外国人到中国勘探石油，因为一时未找到油层，竟下结论说什么"中国是贫油国"，"中国产不出油来"等等。然而，我国大庆油田的开发，使石油工人大出风头。大庆的石油工人王进喜说，石油能埋在外国的地下，我们就不信不会埋在中国的地下。外国人过去武断地宣称：中国地下没有石油，是贫油国。这顶帽子应该把它扔进太平洋。

我国的地质学家李四光等，根据地质力学理论，正确指出我国石油矿藏的方向，不但成功地打出了大庆油田，而且在渤海湾、新疆、山东、河北等地也发现了许多大油田，有效地解决了中国在工农业建设中迫切需要的能源问题。

6 长石油的树

——石油种植

阿凡提"种金子"的故事差不多家喻户晓，但是实际上金子是种不出来的。石油埋在地底下，生产石油靠钻井，我国的大庆油田、大港油田和克拉玛依油田等，都是靠钻井，把地下的石油抽出来，这似乎是天经地义的事。但是有人就敢于幻想：既然花生油、菜籽油、玉米油、桐油、豆油可以在地里"种"出来，为什么石油就不能"种"出来呢？

美国化学家卡达文是位诺贝尔奖获得者，他就相信石油可以"种"出来。1987年他就说，完全可以像生产花生油之类的油一样，从有机植物中直接生产出可以当做燃料的石油来。为此，他到处寻找能生产石油的植物。

功夫不负有心人，他终于发现了许多能"挤"出石油的植物。一天，他发现一种小灌木的树干里含有大量像乳汁一样的东西，只要把树皮划破，乳汁就流了出来，就像橡胶树能流出橡胶汁一样。他把这种乳汁拿去化验，发现其中的主要成分就是和石油一样的碳氢化合物。他把这种小灌木称为"牛奶树"。有人也叫它绿玉树。总之，是一种可以"种"出石油来的树种。后来，又发现一种续随子树也能流出乳汁来，这种树高约1米，一年可收获一次，而且既耐严寒又耐干旱。还有一种灌木叫三角大戟，树皮很柔软，划破树皮后也能流出含石油成分的乳汁来。

卡达文在寻找到能"生产"石油的植物后，就开始选种和育种，并在美国加利福尼亚种了大约0.4公顷地的"石油"树，一年中竟收获了

卡达文发现可以生产石油的树

50 吨石油。卡达文"种"石油的成功，激起了一股研究和寻找石油树的热潮。现在美国成立了一个石油植物研究所，专门研究能流出石油的植物。

研究人员发现，石油植物和橡胶树是"亲戚"，都有生产碳氢化合物含量很高的乳汁的本领。而且，石油植物的性格更坚强，并富有"谦让精神"，它既可以在干旱地区生长，也可以在沙漠地区栽种，不与粮食和经济作物争夺土地资源。

现在，可以生产石油的植物越来越多地被人们发现。在菲律宾，人们发现一种能产石油的胡桃，一年可收两季，一位石油种植者种的 6 棵树，一年就收获了 300 升植物石油；在巴西，有一种乔木高达 30 多米，直径最大有 1 米，在这种乔木上打一个洞，1 小时就能流出 7 千克石油来。

美国加利福尼亚大学还用遗传工程技术培育了一种石油植物，这种

植物的乳汁中的成分和石油的成分很相似。从这种乳汁中可以提炼出汽油、煤油和许多副产品。因为石油是不能再生的矿物，而石油树则是可以采用人工种植的方法不断生产，而且可以不断扩大生产的，所以石油可以用种植的方法"种"出来，将为缓和能源短缺的紧张局面起重要作用。

7　由于细菌的驱赶

——老油井"复活"

提起细菌，许多人都对它们没有好感，因为许多细菌经常使人得病，轻则使你发烧头痛，重则要你的性命。有的细菌还能造成瘟疫，使人类蒙受灾难。不过，细菌中的极大部分则是对人类有益的，比如说生活中的酱油、酒类，都有细菌的功劳，特别是各种能治病的抗生素药物，都是从这种或那种细菌中提炼出来的。

更有一些细菌，甚至还是工业生产中不可缺少的好帮手。比如，有些细菌可以帮助人们从废矿石中提炼金属，有的细菌可以从地下把石油驱赶到油井中，增加石油的产量。

有这么两个真实的故事：1990年2月2日，美国的《华尔街日报》报道了一个叫迪安·威尔斯的人，在美国得克萨斯州阿比林北部创造了一个奇迹。他在一座已开采了40年的一眼600米深的旧油井中，灌进了价值才20美元的2夸脱（1夸脱等于1.1365升）的特殊繁殖的细菌和80加仑（1加仑等于4.5461升）的废糖浆后，把井口封住。过了几天，这个原来每天只能产不到2桶石油的油井，居然变得每天能产7桶石油，使一座几乎枯竭的油井复活了。

1990 年 9 月 16 日，英国《星期日泰晤士报》也刊登了一个类似的故事：在英国伦敦北部的一家叫"生命力量"的小公司，人们用一条管道顺着流水把细菌送到油井下，然后再送下控制剂量的适当食物以促进细菌繁殖，结果，这些细菌不仅帮助清除了井下有毒的废物，还从地下油层中"挤出"了许多石油来。

这些奇迹是怎么创造出来的呢？为什么石油工人要请细菌来帮助采油呢？原来，英、美等国自 1989 年以来，石油大量减产，每天产油比 1988 年至少减少 50 万桶。科学家们分析，减产的原因不是由于石油已经接近枯竭，而是因为许多油井内由于压力不够，油采不上来，估计还有 3400 亿桶石油留在地下，但用老的采油办法已无法开采出来，而不得不残留在老的油井中。而 3400 亿桶石油，几乎是美国目前探明的石油储量的三分之二。眼看这么多石油将丢弃在老油井中而只能"望井兴叹"，未免太可惜了，也不甘心。美国能源部对此万分焦急，于是投入大量资金鼓励大家想办法，把这些老油井中的油采出来。

那些残存在老油井中的石油为什么开采不出来呢？原来这些石油是黏糊糊的原油，它们的流动性很差，"待"在地层的一些小缝隙中，"懒"得再往外流。于是，迪安·威尔斯等石油专家联想起早在 1945 年美国微生物学家克劳德·佐贝尔的一个重要发现：有许多细菌在新陈代谢时产生的二氧化碳气体、多糖和各种表面活性剂，能降低石油的黏性，使石油变得容易流动。这样，石油就容易从岩石的狭缝中流出来，聚集到储存石油的储油层中。迪安·威尔斯决定把这个发现利用到油井下。他请细菌帮忙，让小得无孔不入的细菌钻进井下，进入那些分散的、孤立的、"躲藏"在小油层里的石油之中，在那里繁殖、扩散和发酵。这些细菌就像一家生产表面活性剂的地下工厂，使石油黏度降低，并增加油井下的压力，使原先稠得黏糊糊的一些石油乖乖地向外渗流，油井采油时，产油的效率就提高了。

采用细菌采油，由于方法简单、成本低，已受到世界各采油国家的重视，许多等级油井都在试验这种新的采油方法。

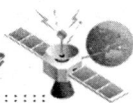

8 天然气的安全输送

——甲烷变甲醇

　　在遥远的边区和无人区，地下常蕴藏着丰富的天然气，但是，由于直接向用户输送天然气很困难，使遥远地区的天然气开发受到极大限制。于是开采天然气的工程师想，这种可燃气体如果能变成液体，采用管道输送，就会方便而又安全得多。有没有办法将天然气变成一种可燃液体呢？经过分析，天然气中的主要可燃成分是甲烷，如果将甲烷变成液体甲醇，也是一种可燃物，但将甲醇通过管道输送到几百千米以外的用户中，就会安全得多，也便宜得多。因此，人们就打上了将甲烷气体转变成甲醇液体的主意。

　　但要使甲烷变成甲醇很不容易，甲醇通常是由一氧化碳和氢合成的。把甲烷变成为甲醇的现存方法也有，但要在约900摄氏度的高温下进行，需要耗能很大的巨型合成设备，这对边远地区和无人居住区来说，建造这种设备显然不合算，而且这种方法也只能使天然气中不到5％的甲烷变成甲醇。

　　为了解决21世纪的能源危机，就需要把遥远的无人区丰富的天然气资源开采出来，因此也必须解决把天然气变成可燃的液体进行输送的问题。现在，经过科学家的不断探索，终于找到了比较经济的办法。

　　找到这种办法的人叫道格拉斯·陶布，陶布是美国加利福尼亚芒廷维尤一家化学公司的研究员。1993年1月，他宣布，他们的科研小组发明了一种把甲烷变成甲醇的新方法，可以在比较低的温度下（180摄氏度）将天然气中约43％的甲烷变成甲醇，这比旧方法即只能将天然

气中 5％的甲烷变成甲醇的效率要高得多。为什么新的方法效率高得多呢？原来他们使用了一种催化剂，就是水银。

用甲烷合成甲醇是相当困难的，稍不留意，它可能就会燃烧而变成水和二氧化碳。用水银作催化剂却能促进甲烷变成甲醇，所以水银算是这种反应中的"媒婆"。具体方法是，将天然气中的甲烷通过管道送到加有水银的硫酸中，由于不是在水中反应，甲烷就先变成为二硫化甲烷。

然后，生成的二硫化甲烷通过另一个容器并溶解在水中，从而形成甲醇。在二硫化甲烷溶解时，释放出二氧化硫气泡，这些气泡可以收集起来重新变成硫酸使用。而在容器中生成的甲醇可以通过蒸馏方法再变成纯净的甲醇，然后用管道输送给遥远的用户。

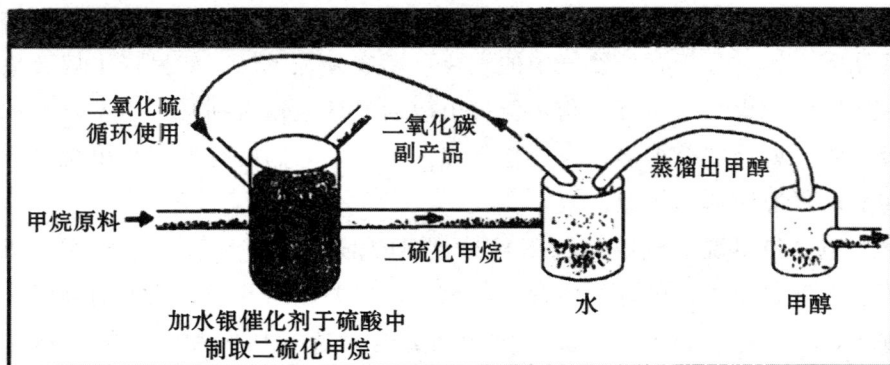

制备甲醇的流程

几乎与陶布发明的同期，美国明尼阿波利斯明尼苏达大学的研究人员兰尼·施米特和密执安州米德兰道化学公司的工程师丹·希克曼，也发明了一种月甲烷制造甲醇的新方法。他们使甲烷和氧混合，然后将它们通过一种类似海绵状的固体催化剂，这种海绵状催化剂的大量微孔表面用金属铑覆盖。甲烷和氧通过这种催化剂后，即变成包括有一氧化碳、氢、水和二氧化碳的混合产物。然后再添加蒸汽把混合产物变成氢和一氧化碳共生气，这种共生气很容易就能用铜和氧化锌作催化剂将其

变成甲醇。

上面两种用甲烷制造甲醇的方法，其优越之处是反应速度快，各种物质的通过更快，因此反应容器可以做得很小，因而更适宜在边远地区应用。

9　深海钻探寻找什么

——海底石油

1968 年，美国制造了一艘特殊的深海钻探船，名叫"格洛玛·挑战者"号，船长 121 米，宽 19 米，深 8 米，在船的中部竖立了一个高高的钻井塔，塔顶高出水面达 61 米。船的总排水量达 10500 吨。这艘深海钻探船能在最大水深 7000 米左右的海底单井钻入洋底到 1700 多米深的地层内。它从 1968 年 8 月到 1983 年 11 月的 15 年中，在世界各大洋的 600 多个钻探地点进行了钻探，共完成了 96 次航海钻探作业。仅 1981 年 11 月的第 82 个航次就钻了 932 口井，总进深达 213.412 千米。

美国为什么要在深海中花那么大的力气打井呢？原来是打石油的主意，想第一个摸清楚海底到底有多少石油和天然气。据他们钻探后的初步估计，世界上水深 300 米以内的海底储藏有 1000 亿吨石油和相当于 556 亿吨石油的天然气。这些海底石油和天然气已成为人类能源的重要来源之一。例如我国辽阔的海域渤海、黄海、东海和南海，深浅在 200 米左右的大陆架面积有 100 多平方千米，在这些海区就蕴藏着丰富的天然气。从 1967 年以来，我国已在渤海、北部湾、莺歌海、珠江口等许多海域钻探出了油气流，既有石油也有天然气，有些已进行了工业开采。

为什么在海底会有石油和天然气呢？科学家认为，这是海洋浮游生物（如藻类）和细菌的贡献。它们在死亡后有些尸体被海洋动物吞食，有些则和江河中流入的泥沙混在一起，一层一层沉到海底，于是这些含有有机物的泥沙在缺氧的环境下又和细菌作用，产生甲烷气。甲烷气在沉积层受到一定的压力，在适当的温度条件下也可能形成气体水化物。所谓水化物，是指物质与水起化合作用，含有一定数目水分子的物质。而在 1000 米以下的海底地层中，由于温度可达 50～60 摄氏度，压力极大，那些含碳超过 0.5％的泥岩的页岩就可以形成生油层。

据科学家估计，目前从海洋中获得的所有资源中，按价值，海底开采的石油和天然气占 90％以上。世界上最大的海底油气田在波斯湾、委内瑞拉和墨西哥湾，这些地区集中了全世界海底石油产量的三分之二。据 1974 年的资料，波斯湾产油近 19000 万吨，委内瑞拉近 10000 万吨，墨西哥湾近 7000 万吨，而 1974 年全世界海底石油产量近 47000 万吨。

海底采油并不是轻而易举的事，它需要特殊的海上石油钻探设备和特殊的采油气技术。目前在陆地上已能钻出 1 万米以上的超深井，但大多数国家在海洋采油作业中的最大钻探深度大多在 1000 米以内，只有像美国这样的少数工业发达国家才能在水深 7000 米的海底钻深井。

我国也具备了海上采油的能力，并在沿海产油区建立了一些活动式石油钻井平台。这种平台的上层是工作甲板，下层是浮体结构，而中间是立柱或桁架。它在一个地方作业完成后可更换地点。作业时，平台处于半潜水状态；作业后，排出压载舱内的水，使平台上浮至航行吃水线，起锚后即可向新的工作地点航行。如果是在浅水区，平台可直接坐落在海底上进行钻井作业。

10 一举两得

——海藻和二氧化碳"结亲"

海藻是一种海洋植物，二氧化碳是一种气体，这两种东西看起来不相干，但如果你能让它们"结亲"，就能"生出"给人类带来温暖和动力的石油。你也许以为这是在讲童话故事，是"天方夜谭"吧！

而事实上这是千真万确的，是科学家们为解决能源危机和净化污染的大气发明的一种新的科学方法。你一定知道，世界上每年要燃烧掉几十亿吨煤炭和石油，它们会产生大量的二氧化碳和其他有害气体。二氧化碳在大气中越来越多，就产生一种称为"温室效应"的公害，它影响全球气候，甚至造成灾难。

为了减少二氧化碳造成的公害，科学家们想了许多办法，其中植物能利用水和二氧化碳在阳光照射下制造有机物的事实，给了他们很大启示。为什么不利用二氧化碳来促进植物的生长，借助植物的光合作用让二氧化碳和水结合变成有机物呢？这样不就可以减少二氧化碳在大气中的含量了吗？

正好，美国戈尔登科罗拉多太阳能研究所的科学家在寻找新能源的探索中，发现一些藻类植物中含有丰富的石油成分，这给了他们很大鼓舞。于是决定用二氧化碳加速海藻的生长，想让它多长出一些石油成分来。

为了让海藻有个好的生长环境，他们为海藻建立了一个直径20米的实验池塘。然后往池塘中灌入大量二氧化碳。果然，在灌入二氧化碳的池塘中，海藻比在一般条件下生长旺盛得多，20米直径的池塘，一

年之中竟收获了 4 吨海藻,从中提炼出了 300 多升燃油。

这个消息传到日本,引起了既缺油又少煤的这个岛国的极大兴趣。日本科学家近年来不但为缺少能源而发愁,而且也为大气中的二氧化碳越来越多而担忧。美国的这个消息使他们茅塞顿开,不久就提出了利用二氧化碳促进海藻生长增产石油的大胆设想。

日本一家公司的科研人员发现,有一种单细胞藻类植物能吸收大量二氧化碳。在日本冲绳一带有一种绿藻生长特别旺盛,因为这里的气候条件正好适合这种绿藻生长。于是,科研人员就开始进行利用藻类的光合作用将二氧化碳转变成石油的实验研究,即将燃料燃烧后排放的二氧化碳收集后,用泵送到养殖这种绿藻的水池中,促进绿藻的生长。

日本的科学家估计,日本石油燃烧每年排放的二氧化碳大约有 5 亿吨,如果让绿藻将这些二氧化碳全部吸收,就能生成约 2000 亿升石油,几乎相当日本全年的原油进口量。

英国也是石油进口国,为了解除能源缺少的困境,也在大力促进藻类和二氧化碳"喜结良缘"。英国的科学家正在试验让小球藻和二氧化碳"结亲"。他们将小球藻养殖在一个特制的池塘中,打捞收获后过滤掉水分,不用提炼,直接用在发电厂中燃烧发电,燃烧后排出的二氧化碳废气又被泵回到小球藻养殖池内,促进小球藻生长。他们发现,当二氧化碳气泡吹进池塘之后,藻的生长数量一天内就增加 4 倍,比赤道热带雨林的生长速度还快好几倍哩!

这样一种既生产了可燃物,又消除了二氧化碳污染大气的隐患的循环利用,岂不是一举两得的大好事!科学家预计到 21 世纪,藻类和二氧化碳"结亲"后"生出"的燃料会越来越多。

11 环境学家的烦恼

——对石油的遗憾

在现代，石油无疑是最主要的能源，正因为它是谁都缺少不了的宝贝，人们为争夺它而发生的贸易战和真刀真枪的军事交火就经常发生。比如20世纪70年代，中东地区的产油国为了报复西方国家的霸道行为，联合起来对英、美等国进行石油禁运，把这些国家搞得狼狈不堪，这就是贸易战；而1991年的海湾战争，则是真刀真枪的"肉搏战"，先是伊拉克入侵科威特，后是美、英等国进攻伊拉克，动武的原因都是为了争夺石油这种至关重要的能源。

看来，石油这种黑糊糊的液体还真的既是福也是祸，因它引起的战争灾难已人所共知，且不说它。其实它本身也并不是理想的能源，一是它在地球上的储量就很有限，科学家们估计，大概用不了100年就会开采枯竭；二是燃烧石油多了，还真能让祸从天降，这不是唬人，而是确有其事。

大家知道，希腊首都雅典本是一个环境优美的城市，就像它的名字一样幽雅，因此曾为世人所向往。1895年，首届奥运会就是在这里举行的。可是后来它曾成为世界上令人感到呼吸最困难的首都之一。1989年夏天，这座城市在几个星期内就死了2000多人，其中大部分都是由于空气污染加上高温致死的。当时，雅典市笼罩着烟云，湛蓝的天空完全消失，整个城市"浸泡"在黑烟浓雾之中，连地势高低都分不清了。晾晒的衣服变脏了，大理石的神像敷上了层层粉尘，流动的烟云成了空中垃圾。整个雅典上空的烟尘有3300吨，二氧化硫1400吨，一氧化氮

烟气 17000 吨，碳氢化合物 46000 吨，一氧化碳、二氧化碳共 324000 吨。这么多的污染物是从哪儿来的呢？原来，其中的 75% 就是来自燃烧汽油的汽车排放出来的尾气。

为了使雅典摆脱汽车尾气中放出的有害气体，雅典当局只得限制汽车行驶。首先是禁止汽车驶入历史古迹中心，以保护文物；然后规定汽车依牌照的单双号，只能隔日在首都行驶；另外是取消工作人员的午休，采取连续作业、中午不休息的办公制度，这样员工每天驾车往返次数可减少一半。经过这一系列措施，雅典的环境才开始有所好转。由此可见汽车以石油为主要燃料造成的严重后果。现在世界上还有许多城市都不同程度受到汽车燃烧汽油的废气的污染。

汽车燃烧汽油还带来另一个问题，通常，在汽车发动机点火之前，都要将汽油压缩一下，以提高汽油的燃烧效率，但是在压力过于强烈时，汽油未经点燃就会爆燃起来，这就很不安全。为了防止爆燃，通常要在每升汽油中加入 1 克四乙化铅，以确保燃料均匀平稳地燃烧。

可是四乙化铅有剧毒，它们与汽油废气一起排入大气后，又造成更严重的大气铅污染。美国加利福尼亚理工学院的科学家在测定大气后，发现在大城市的上空几乎无一不含四乙化铅这种有毒物质。在一年中，光是北半球的海洋上空，由抗爆用的四乙化铅形成的沉积物高达 5 万吨之多！这就是"每升汽油中加入 1 克四乙化铅"的后果。这对已经污染不轻的大气，真是"雪上加霜"。

因此，环境学家对汽油一类能源的烦恼与日俱增，希望早日有无污染的洁净能源来替代汽油。近年来风力、水力、太阳能、氢能、核能的快速发展，就是为了在能源的使用中逐渐减少石油的比例。

12 未开垦的能源处女地

——海底固体天然气

一听这个名词似乎有些奇怪，既然是气，怎么又成固体呢？原来这是前苏联科学家在实验室条件下发现了一种叫固体天然气的燃料，从 1 立方米的这种固体天然气中，可以得到 70～220 立方米完全合格的气体燃料。这种固体天然气很像压实的冰淇淋，只能在一定的温度和压力下存在，如果超出这一温度和压力范围，固体天然气就会变成水和气体。所以固体天然气又称为天然气水合物——也就是天然气与水起化合作用，形成了含有一定数目水分子的物质。

前苏联科学家根据实验室里得到的数据，预言固体天然气很可能埋藏在那些经常处于冷却状态、温度不超过 20 摄氏度、在 200 米以下的岩石中，更可能埋藏在冰川和海洋深处，因为这些地方正好存在固体天然气所需要的低温和高压条件。后来，科学家们在南美洲危地马拉海岸附近 240 米深的海底发现了这种固体天然气。

1988 年，美国和加拿大也宣布在沿海地区发现了大量的海底固体天然气，储量有几百万亿立方米，可以开采几百年。以后在里海、黑海和鄂霍茨克海也取得了固体天然气的岩心标本。

固体天然气在地球的北方地区陆地上也普遍存在，因为那里的土地冻得很深。世界海洋有 90％ 的海底都可能形成固体天然气，因为海底的温度完全适合固体天然气的形成，海底深处的压力则是由水体的巨大深度造成的。此外，海底经常沉积许多有机物，如海中动植物和微生物的尸体，尸体分解时就放出甲烷，其中有较大部分的甲烷不是逸出水

面，而是变成水化物状态，被压入疏松的沉积岩微孔内。充满水化物晶体的这些沉积岩逐渐处于新沉积层下面，沉到水化物形成区的下面，在那里水化物因受压超过压力范围又开始分解，分解的天然气沿着裂缝和孔隙往上钻，又回到水化物形成区。这个过程在海底和洋底进行数百万年，就产生了能延伸数千千米的固体天然气矿场，并处于离海底表面几厘米到二三百米的地区。

因此，海底的固体天然气的储量，可能比所有一般产地的石油和天然气的储量高几十倍。如何在海底开采固体天然气，目前还没有经验。有些科学家提出，可以在海底建造固体天然气采矿场，并用空气提升管道与海面上的固体天然气接收船连接。在空气提升管下端安一个大型钟罩，钟罩里带一个自动采掘装置，首先将固体天然气粉碎，破碎的固体天然气和水一起混成浆状物，再由气动提升机不断输送到接收船上。水化物在一个加热装置内分解。当水化物在提升管内逐渐自行分解成天然气和水时，天然气会形成一种补充牵引力，帮助气动提升机系统，加速提升过程。

据粗略估计，在海底沉积岩中可能有多达 15000 万亿立方米的固体天然气，在陆地上可能有 300 万亿立方米。但要在海底和陆地大规模开采固体天然气，并形成商业规模的固体天然气燃料，预计要到 21 世纪初才能做到，因为有些复杂的工艺问题还需要周密考虑。

13 废塑料获得新生

——垃圾变石油

城市垃圾的处理，早已成了市政管理人员最头痛的问题之一，因为

垃圾遍地，不仅影响市容，还传染疾病，污染环境。1978 年，北京市区每天产垃圾达 6700 吨，以后差不多每年以 10％的速度增长。为了清理垃圾，只好把垃圾拉到郊外，北京曾用飞机遥测垃圾的"窝点"，在三环路以外，50 平方米以上的垃圾堆有近 5000 个，占地 466.7 公顷。上海每天有近万吨垃圾运往海边，一座座高达二三十米的垃圾山拔地而起；长沙市湘江两岸的垃圾带长达 5 千米以上；广州铁路两旁的垃圾堆和废塑料成灾。这可怎么办呢？

能不能把这些侵占土地、污染环境的垃圾利用起来呢？其实早就有人想到这个问题了。"世上无难事，只怕有心人"，在我国台湾省的台中市，就有一位有心人，他住在台中市昌平路，叫邓健郎，是位很有学问的工程师。他看到台中市每天丢弃大约 700 吨垃圾，其中约有 150 吨是塑料垃圾。他想，塑料这东西，本来就是用石油、天然气一类东西作原料制造出来的，能不能变回去，还其本来面目，再变成天然气或石油呢？有了这个设想，他就开始动手试验。

但正像把黄豆做成豆腐比较容易，而要把豆腐再变回成黄豆却非常难，甚至不大可能的道理一样，把废塑料再变成天然气或石油也存在近乎难于上青天的障碍。但邓健郎历尽千辛万苦硬是找到了一种叫"热裂解法"的方法，使废塑料变石油的设想成了现实。

他设计了一套塑料橡胶废品裂解装置，把垃圾中的塑料袋、塑料瓶、塑料罐、废轮胎一类的废品，全部丢进一个密封的裂解反应炉中加热，并加上高压，使这些塑胶废料等高分子化合物裂解成低分子化合物，然后通过一个油气分离塔，分别回收不同相对分子质量和分馏温度不同的油和气。邓健郎工程师发明的这个"热裂解法"，竟把塑胶等垃圾材料制成了高纯度的汽油、煤油、溶剂油、燃料油及液化天然气等有用能源。他的这一发明在 1990 年 2 月 18 日于台中市展览之后，引起了很大的轰动，参观者络绎不绝。

这种变废为宝的技术，能从 3000 吨塑胶废料中提炼出 2000 吨高纯度的汽油，而且在裂解塑胶废料过程中没有烟雾，不会造成公害。台中

市一家工厂，现在每天处理 32 吨塑胶垃圾，能生产出 20 吨汽油。以台中市一天产 7000 吨垃圾计算，垃圾中的 150 吨塑胶垃圾就可以生产出 90 多吨汽油，垃圾也成了一种能源。

一些不是塑胶的垃圾，虽然不能将它们还原为天然气或石油，但也是可以利用的能源和资源。在日本、美国、新加坡、马来西亚和西欧的一些国家，大约有 500 来个垃圾变能源的工厂，所用的方法是将垃圾燃烧，利用燃烧时所产生的热能。热能可以用来供应热水，取暖；也可用来发电，使之转变成为电能。比如，在瑞典的哥德堡有一座工厂，每天焚烧 1000 吨城市垃圾，为市区的供暖系统供应 41.7 万千焦的热量和 14000 千瓦的电力；瑞士洛桑有一座类似的工厂每天为城市处理一部分垃圾，焚烧这些垃圾又用来发电和供应热水。变垃圾为能源，是解决城市垃圾的最理想的方法，我国在这方面也正在积极吸取先进经验，尽快将垃圾转化成为能源。

14　也是光合作用的产物

——用阳光使二氧化碳和水产生甲烷

现在全世界燃烧的石油和煤炭大都变成了二氧化碳这种温室气体，促使全球变暖。为了抑制这种温室效应，从 20 世纪 80 年代起，在全世界范围内掀起了和温室气体作斗争的高潮，许多科学家提出了各种减少排放二氧化碳的办法。

各种办法都不失为有识之举，但其中瑞士科学家伊沃·坎伯提出的办法令人耳目一新。他说，减少二氧化碳的排放实际上很困难，因为随着社会和经济的发展，石油和煤炭等能源的消耗只会增加。既然二氧化

碳是由燃料燃烧产生的，能不能把二氧化碳变回去再成为一种燃料呢？

这真是一种独特的想法，而且他想了就干。从1995年起，坎伯就和他领导的一个科研小组开始了在实验室里用二氧化碳生产燃料的实验。他根据自己独特的想法提出，用二氧化碳加水来生产甲烷。甲烷是碳和氢的化合物，学过化学的人都知道，二氧化碳加水一般都是变成碳酸，怎么会成为甲烷呢？但坎伯说，我们可以不让它们变成碳酸，而是让它们按人的意志变成燃料甲烷。这在理论上是可能的，因为甲烷是碳氢化合物，在特殊的催化剂作用下，二氧化碳中的碳和水分子中的氢就能化合成甲烷。

怎样才能让二氧化碳和水转变成甲烷呢？靠阳光和一种叫二氧化钛的催化剂，二氧化钛是油漆和牙膏中用作白色颜料的化合物。坎伯发现，二氧化钛在比室内温度略高几摄氏度的温度下，能起一种特殊的催化作用，即使水分子中的氢和二氧化碳中的碳起化学作用，产生碳氢化合物甲烷。但这种催化作用也像植物中的光合作用一样，只能在光线作用下进行，而且这种光不是可见光，只能是紫外线光。

坎伯在实验室里用2升二氧化碳气体和水，再用50毫克二氧化钛作催化剂，果然生产出了几微克的甲烷。但坎伯说，目前这种技术还达不到实用要求，要真正用二氧化碳和水生产出大量的甲烷，还要做大量工作。不过，前景还是光明的。因为在比较低的温度下用二氧化碳经光合作用能合成甲烷这个事实，不仅令人意外，而且相当激动人心。因为以前用二氧化碳和水合成甲烷，要在摄氏几百度的温度下用催化剂来实现，而现在的实验在50摄氏度就能合成甲烷。

现在坎伯希望用太阳光的可见光也能促进二氧化碳和水化合产生甲烷的反应，如果真能这样，那就真是前途无量了，因为目前二氧化钛只是被可见光中的3%活化，等于绝大多数阳光被浪费了。因此，他的科研小组正在寻找一种能被更多的太阳光谱激活的催化剂，如能找到，就可以在燃煤或石油的发电厂的排气烟囱中回收二氧化碳废气流，再用阳光和催化剂将它们变成甲烷。

15　中国生态农业第一村

——沼气的生产利用

　　在北京市郊，有一个离京城25千米的大兴县长子营乡留民营村，出了一个有名的人物，叫张占林。留民营村过去很少有人知道，因为太小，地图上没有它的位置。张占林出身农民，也名不见经传。但是在20世纪80年代，留民营村和张占林却名扬四海，大出风头，为中国人民争得了极高的荣誉。

　　1984年，联合国环境规划署因为留民营村善于利用沼气、太阳能进行农业和工业生产，正式命名留民营村为"中国生态农业第一村"。从此，留民营村的领导人被选为全国人大代表。1987年，张占林又被联合国环境规划署授予"全球环境先进人物"称号。

　　留民营村的环境搞得特别好，是因为他们创造性地开发了能源。这个村子家家都有沼气池、沼气灶，有的还有太阳能洗澡间和太阳能灶。他们用有碍环境卫生的人畜粪便和农作物秸秆作原料，放进沼气池内发酵，产生沼气；沼气用来作燃料，点灯做饭，开动内燃机碾米磨面，烘烤干燥农产品。农村最缺乏的能源，他们利用自己的农业废弃物就轻易得到了。不仅如此，沼气池中的发酵液和残渣还是很好的肥料。

　　因此，在留民营村，别看种了粮食作物80公顷、蔬菜大棚16.7公顷，但没有使用农药和化肥，因为他们的沼气池中经过发酵的农业秸秆，变成了有机肥料，足够他们使用。试想，一个10立方米的沼气池一年就可以出产发酵液10～20吨，相当于50～100千克硫酸铵或25～50千克过磷酸钙化肥；每个10立方米的沼气池还能产生10吨左右的

采集沼气示意图

发酵废渣，这些残渣相当于 50 千克硫酸铵和 25 千克过磷酸钙。有这么多自然有机肥，当然也就用不着化肥了。

为什么他们连农药也不使用呢？难道不怕农作物受病虫害的袭击吗？这正是沼气的独特功效。原来在制取沼气的过程中，留民营村的村民把最易滋生细菌的人畜粪便、污水污物等疾病传播源统统投入沼气池中密封，沼气池在发酵过程中一方面产生沼气能源，一方面产生高温，足可以把其中的寄生虫卵和致人死命的细菌大部分"烧死"。

留民营村在世界出名后，有许多国家到这里参观，但也抱有疑问，他们想看看这个养了 10 万只鸡、20 万只鸭、4500 头猪、60 多头奶牛的村子是如何处理粪便的，也想看看 80 公顷粮食作物和 16.7 公顷蔬菜

为什么不用化肥和农药。有些人还提出要化验留民营村种的蔬菜和稻米，究竟是不是真的不含任何有害化肥和农药。但是，他们多次化验的结果都证明，留民营村的稻米和蔬菜中的确不含任何有害人体的化肥和农药残留物，是最洁净的、对人体无害的稻米和蔬菜。

沼气是农村较理想的能源，因为它除了能解决农民缺煤、少柴、无油的苦恼，还能美化和洁净农村的脏乱环境。所以早在 1936 年，我国著名科学家周培源就提倡农村利用沼气，并在江苏宜兴县建造了有水压式活动盖和埋入地下的沼气池，将发酵产生的沼气用来烧饭点灯。河北武安县 1937 年也曾在室内建造过沼气池，据说，这个沼气池至今完好，仍可产气。

16 不怕汽油缺乏

——用稻草开汽车

稻草谁都见过，大致也知道它们能干什么。比如鲜嫩的稻草可以喂牲口；干枯的稻草可以垫猪圈牛羊圈，还可编成给人睡觉的褥子垫，其松软程度和弹性也许稍逊于"席梦思"，但躺上去也相当舒服惬意。这些都算是稻草从事的老"行业"，咱们且不去细说它，这里单说用它开汽车的本事。

你或许会说，用稻草开汽车？没听说过，因为汽车大多是烧汽油，即使是最老式的汽车，也是烧煤，或者烧木炭和烧天然气，从来没听说过烧稻草也能把汽车开得飞跑的。当然，直接烧稻草肯定开不动汽车，但是烧酒精是能开动汽车的。而稻草可以生产出酒精来，这样，稻草不就也能为汽车提供能源了？

为什么想起来用稻草生产酒精呢？说起来还是由于世界上能源缺少，逼得科学家们不得不绞尽脑汁想高招儿，因此稻草就成了他们盯上的对象。现在，全世界每年生产的粮食中，水稻是主要品种之一，水稻收获后，稻谷作为粮食当然是宝中之宝，剩下的稻草也大有用处，但稻草多得用不完，农民就用稻草烧火做饭或取暖。

现在全世界每年大概要出产几十亿吨稻草，大部分都当做柴火烧掉了，这看起来也算是一种废物利用，但烧稻草会严重污染空气。在英国，农民每年能收获约1000万吨稻草，作饲料垫牲口圈只需400万吨，剩下600万吨大部分作燃料烧掉，弄得乌烟瘴气。因此欧共体现在制定了一项法律，禁止直接焚烧稻草。

于是科学家们就想利用稻草酿酒。用稻草也能酿酒，似乎很新鲜，因为以往只听过粮食、甘蔗、甜菜、葡萄之类的东西能酿酒。实际上，稻草还真的可以酿酒，生产出酒精来，但是要有比较先进的技术。

最近，英国的一个科研小组就研究出一种利用细菌使稻草变成酒精的办法，并且获得了专利权。这个小组找到了一种叫嗜热脂肪芽孢杆菌的细菌，利用这种细菌可以把稻草中的大部分成分变成酒精。如果不用这种细菌，稻草中有些成分就原封不动，成不了酒精。

比如用酵母也可以使稻草发酵，产出酒精来，但其中的半纤维素就"无动于衷"，最后只能变成废料。而这种嗜热脂肪芽孢杆菌则神通广大，它能把稻草中占三分之一重量的半纤维素转变成酒精。

而且，嗜热脂肪芽孢杆菌在吞噬半纤维素把它们变成酒精时，还会产生热量，使发酵的稻草维持在70摄氏度左右的温度，而在这一温度下，产生出来的酒精会立即自行蒸发。这时，只要用一个中等真空度的设备就可以连续不断地从反应发酵罐中把酒精抽出来，冷却后就是酒精，大大节省了生产过程中消耗的能量。

用细菌方法生产出的酒精价格便宜，而稻草又是年年有大量的剩余物资。因此，只要能不断改进用稻草和用嗜热脂肪芽孢杆菌生产酒精的方法，就不怕今后汽油缺乏，也就不怕能源危机了！

17 "魔石"的奥秘

——电的发现

电能是现在使用最普遍的能源，连几岁大的小朋友都知道电的用处和神力。但是从发现电能到广泛使用电能却经历了漫长而曲折的过程。传说，公元前6世纪古希腊的学者泰勒斯用木块摩擦作装饰品的琥珀时，就发现琥珀具有吸引灰尘和碎线头一类轻微物品的能力。因此人们把这种琥珀叫做"魔石"。

在这以后的漫长岁月里，直到中世纪，摩擦琥珀能吸引轻微碎屑的奇怪现象总是令人迷惑不解。但人类有一个特点，越是感到神秘莫测的事情，越有人想搞个水落石出。到了16世纪，有一位叫吉伯的英国医生，他就属于这种喜欢探秘的人。他对"魔石"也着了魔，他不仅摩擦琥珀，还经常把金刚石、红宝石、蓝宝石、水晶这类东西也用布摩擦，发现它们也能像琥珀一样吸引灰尘和碎线头之类的轻微物品。

为搞清这些"魔石"的奥秘，吉伯做了一个试验：先取一根10厘米的金属丝安在一根棍子的尖端，让金属丝能自由摆动。然后他将摩擦过的琥珀和水晶等"魔石"慢慢向金属丝靠拢，结果在还没有挨上金属丝时，金属丝却迅速向"魔石"靠了过去。吉伯很高兴，他把这种现象称为产生了"电"。在英语中，"电"这个名词就是从希腊语中的"琥珀"一词派生出来的。

现在人们都知道静电既有相互吸引的力，也有互相排斥的力，主要是看静电荷是"同性"还是"异性"，但吉伯当时只发现了静电的互相吸引力。大约过了60年，即到了17世纪中叶，德国马德堡市的市长盖

利克（1602～1686年）也成了研究"静电"的"发烧友"。他制作了许多研究静电的装置，发现静电不仅有吸引力，而且也有互相排斥的力。

盖利克研究静电的装置别具一格。他先将熔化的硫黄倒进一个空心玻璃球内，等硫黄冷却凝固后，打碎玻璃球就得到一个硫黄球。然后，他用一根棒穿过硫黄球中心，并用两根柱子把它支起来，使硫黄球旋转，在旋转的同时，用干燥的手摩擦硫黄球。硫黄球也能产生静电，而且，摩擦到一定的程度后，在手的附近竟冒出了噼啪作响的火花。盖利克又把一些小的水滴靠近硫黄球，竟发现小水滴"跳起舞来"，一动一动的很好看。

盖利克还试着把两个带静电的硫黄球靠近，结果感到有一种阻力使它们不容易靠拢，有互相排斥的作用。他还发现，用带电的硫黄球和不带电的物体接近时，原来不带电的物体也有了静电并发生了电磁感应现象。可是很可惜，他的这些实验在当时并没有引起科学界的注意。

但盖利克的静电实验仍然为后人打下了基础。1708年，英国的韦尔用棉花摩擦大琥珀，竟产生了2厘米长的大火花，并发出了像燃烧木炭时火星迸发的那种响声。1709年，美国的霍克斯比改用玻璃球代替盖利克的硫黄球产生静电，因为玻璃球能高速旋转，能产生更大的静电力，从而成为最原始的起电器。

18 静电"振动"了法国国王

——保存电的莱顿瓶

在研究静电这种能量的过程中，发生过许多有趣的故事。说明任何一种能源的发现和发展都有着曲折而不寻常的经历，它甚至"振动"了

当时的法国国王。在 18 世纪中期，用起电器来获取大量静电的物理学家"风起云涌"，并对静电的威力有了进一步的认识。

当时，荷兰的莱顿城有两位有名的物理学家穆申布鲁克和科内乌斯。1743 年，他们在德国人哈森制造的用玻璃球在棉花软垫上旋转产生静电的起电器基础上和在 1744 年德国人保塞发明的可收集玻璃球上的静电的装置的基础上，发明了一种新的装置。这种装置不仅能产生大量的静电，而且可以把大量的静电收集后贮存起来。方法是把有水的瓶子用金属和链条与起电器连接起来，再用装有半瓶水的瓶子来收集静电。

1746 年，穆申布鲁克和科内乌斯终于完成了这一装置。一天，他们开始用这个装置做试验，谁知，正当他们把起电器和瓶子连接起来的时候，收集静电的盛水瓶子竟发生了剧烈的振动，从穆申布鲁克的手中掉了下来。

后来，穆申布鲁克在给朋友雷奥米尔的信中描述过这起实验的情况。为了形容静电引起的振动的严重程度，他对雷奥米尔用文学语言渲染说："你不知道，当时的那种振动，恐怕连法国国王也会受不了的。"谁知荷兰人穆申布鲁克的一句戏言传到了法国，引起了法国科学家的注意。

一天，法国的物理学家夏恩·雷诺真的在法国国王面前做了一个实验。不过，他不是让国王亲手端着盛水的瓶子，而是让 100 名士兵手拉手站成一排，让第一名士兵和起电器接触，用身体当收集静电的盛水瓶子。结果，100 名士兵都体会到了麻酥酥的触电滋味，国王看完实验后，开怀大笑。

其实，在穆申布鲁克的发明产生许多喜剧情节的前一年，德国一位叫克莱斯特的人也有过同样的经历。当他用手触摸带电的玻璃时，同样感受到了剧烈的振动。但是他的装置没有贮存静电的功能。穆申布鲁克和科内乌斯的高明之处是他们提出了贮存静电的设想，并且终于实现了这种设想。

从静电实验中感受到了强烈的振动

为了能使静电贮存起来，穆申布鲁克和科内乌斯在玻璃瓶的内侧和外侧都贴上锡箔，并用绝缘物质做了一个瓶塞，从塞子中心插进一根金属棒，使金属棒与玻璃瓶内侧的锡箔接触。这样，当金属棒的上端和起电器连接时，就会带上静电并传到玻璃瓶的内侧的锡箔上。

穆申布鲁克和科内乌斯为了纪念他们自己居住的城市，就用莱顿这个城市的名字给这种能贮存静电的收集瓶取名为"莱顿瓶"。莱顿瓶的蓄电原理其实也就是现代无线电装置中的电容器的蓄电原理。莱顿瓶的发明为电学实验提供了重要的装置，促进了电力技术的飞跃发展。人们由此认识到，静电能起火花，是一种能量，它的发现，为后来开发新的能源和动力打开了闸门。

19　蛙腿因何抽动

——伽伐尼发现"生物电"

18世纪，荷兰的穆申布鲁克、科内乌斯和德国的克莱斯特等先后发现接触静电有麻酥酥的"触电"感觉后，成为轰动一时的新闻。为了避免电在空气中逐渐消失，他们先后寻找到一种保存电的办法，这种装置后来被称为莱顿瓶。莱顿瓶的发现，为电的进一步研究提供了条件，对于电的知识的传播也起了重要的作用。但是有效利用电的方法还没有出现。

科学的发展常常是偶然中蕴藏着必然，善于抓住偶然事件"刨根问底"的人，往往会获得意外的科研成果。因此，高明的科学家一般都善于捕捉偶然现象中的真谛，蓄电池这种电力的发现和发明就是一个很突出的例子。1770年11月6日，意大利博洛尼亚大学的动物学家伽伐尼（1737～1798年）很偶然地遇到一件令人迷惑不解的事。这一天，他把给妻子当药用的青蛙无意中放在实验桌上的起电器旁，到市内购买东西去了。

这期间，伽伐尼的妻子进了实验室，看到了桌上的青蛙，就想用解剖刀去剥青蛙皮，谁知，当她用小刀触到青蛙时，早已死了的青蛙的腿抽搐般地动了一下，她感到奇怪。丈夫回来后，她就把这事告诉了他。伽伐尼也觉得不可思议，他立即拿起刀子在青蛙上一触，死蛙的腿果然伸动了一下。他还发现，当让起电器起电火花时，放在一旁的死蛙腿也会抽动。

这时伽伐尼想，30年前，美国的富兰克林曾用风筝证实了雷电是

一种电，既然静电火花会使蛙腿抽动，那么闪电时，蛙腿也应该会抽动。于是，在一个雷雨天他把剥下皮的青蛙用铜钩悬挂在室外的铁栏杆上，并用另一根铁丝与地面连接起来。这时，一个闪电突然在天空中闪过，青蛙腿果然抽搐起来。

但让伽伐尼感到意外的是，即使是晴天，一些死青蛙的腿也能抽搐。起初他认为，这大概是晴天时大气中也带有静电的缘故，可有时候，蛙腿却一动不动，这又是怎么回事呢？

本来，伽伐尼一直认为是天空中的闪电使蛙腿抽动，但有一次的实验又使他否定了起初的看法。一次，伽伐尼在实验时无意中用手碰了一下用铁钩挂在铁栏杆上的死蛙，蛙腿尖一下子又碰到铁栏杆上，这时蛙腿竟也抽动起来。为了确定这一事实，他反复做了多次试验。

伽伐尼又把青蛙拿回实验室，放在一个铁制的工作台上，当他用铜钩和铁工作台相碰时，青蛙腿也会抽动。可是，当他在铁台上加一块玻璃板，再用铜钩和玻璃板接触时，蛙腿则不动。他又在玻璃上再加一块铅板或银板用铜钩接触后，蛙腿又自动抽搐起来。经过各种试验，他终于知道，只要用不同的两种金属与青蛙的腿尖或神经相触，蛙腿都能抽动。

由此，伽伐尼认为，蛙腿抽动肯定和电有关，但这种电是从哪儿出来的呢？他认为，既然铜钩引起的是蛙腿的抽动，那么这种电当然是动物躯体内部产生的，但只有通过两种不同金属的互相接触才能把这种电引出来。他把这种电取名为"生物电"。1791年，伽伐尼把他这个观点和实验结果写成论文在学术界公开发表了，此结论在学术界引起了极大轰动。

20 从舌尖上冒出的气味

——伏打电池的来历

在参与"青蛙生物电"这类实验的人中，最交好运的是意大利帕比阿大学的教授伏打。他对伽伐尼的发现怀有极大兴趣，他重复了伽伐尼的实验，但他的实验也是时而成功时而失败。渐渐地，他对蛙腿抽动是动物自身体内的"生物电"引起的这种说法产生了怀疑。

在伏打百思不得其解的时候，他回忆起1750年德国人茨尔兹发表过的一个实验报告。其中提到，当把两块不同的金属板夹在舌尖上时，会冒出一种气味，而用相同的两块金属板时，就不会有这种"怪事"出现。

于是，伏打立即动手实验，他搞来一块锡片和一枚银币，分别放在舌尖上下，然后，用铜线连接起来。果然产生了一股酸味。他又把银币换成银勺，银勺上焊有锡，结果也有相同的现象。而如果在舌尖上下都放上锡片或银币，就什么气味也没有。这种现象简直不可思议。

伏打为搞清其中的究竟，他用验电器检查了两块不同金属板在有盐水存在时，两者之间是否能产生电流。结果发现，的确在两块不同金属板之间会产生电流，而抽动的青蛙腿并未产生电流。他又进一步发现，当用锌板和铜板时，锌板一侧为负电，铜板一侧为正电。采用其他不同种类的金属接触时，两侧也分别带正电和负电。

这下伏打终于明白了，以前伽伐尼所说的青蛙产生"生物电"的说法不对，而是由两种不同金属之间产生的电，他称为"金属电"，并发表了他的实验结果和观点。他还编制了金属之间生电的材料顺序：锌、

锡、铅、铁、铂、金、银、石墨、木炭等等，并指出，在这个顺序中，选的两种金属相隔越远，产生的电流就越大。例如，用锌和银产生的电就比用锌和锡产生的电大得多。

1799年，伏打在铜板和锌板之间夹上浸了盐水的布，一层一层堆积起来，当用导线把铜板和锌板连接起来时，在导线刚要接触的瞬间，立即迸发出噼啪作响的火花。这就是世界上最早的电池。

但这种电池中的盐水容易外流，电流也不大。后来他把一排装有盐水或稀酸的杯子集中在一起，每个杯子中插进一块锌板和一块铜板，把前一个杯子中的锌板和后一个杯子中的铜板相连，一直串连下去，终于完成了电池的发明。

1800年，伏打在伦敦公布了他的发明。于是这种"新玩艺"立即在英国传开，很快又传到法国。当时法国国王拿破仑对此种电池颇加赞赏，还在巴黎接见了伏打，并把一枚奖章授予了这位至今仍为人们怀念的伟大发明家。

伏打的发明，开创了化学电源的方向。在19世纪中叶为科学研究提供了重要的工具和电源，并促进了电化学这门学科的诞生。自从有了伏打电池，就为电学实验提供了连续不断的电流，比静电起电器大大前进了一步。

后来，哥本哈根大学的物理学教授奥斯特，正是用伏打电池作电源于1820年发现了电磁效应。而有了奥斯特的发现，才导致法拉第电磁感应的伟大发现，并使他完成了发电机和电动机两大发明，实现了机械能和电能可以相互转化的有划时代意义的伟大创举。即使是现代，尽管伏打电池的结构和外形已有许多重大变化，但人们使用的化学电池，其应用的基本原理仍然没有变。

21 磁棒绕着导线转动

——法拉第发明原始电动机

虽说科学家对静电现象有了不少认识，然而，使电作为一种能源而成为人们生产和生活的动力，使人类进入一个电气化时代，却是从科学家开始发现和注意到电与磁的相互联系开始的。

1800 年伏打发明电池以后，为揭开电与磁之间的奥秘提供了一把钥匙，因为电池可以使电流轻而易举地在铜丝中流动。

一天，在哥本哈根工作的丹麦物理学家奥斯特（1777～1851 年）在研究电池和电流之间的关系时，奇迹般地发现了原来电和磁之间还有特别"亲密"的关系。当时，奥斯特正在做一项实验，工作台上摆着电池、铜丝和开关，在铜丝旁还偶然地摆着一个磁针。当他让电流通过铜丝时，却发现放在铜丝旁边的磁针竟哆哆嗦嗦抖动起来。他感到很纳闷，这是怎么回事？他又反复实验了几次，在铜丝下与铜丝平行放一个磁针，当铜丝中有电流流过时，磁针又抖动起来。有趣的是，如果把磁针放在铜丝的上方并与其平行，铜丝中通过电流时，磁针摆动的方向正好相反。当磁针与铜丝很接近时，磁针摆动的角度差不多有 45 度。当磁针逐渐离开铜丝时，随距离的增加，磁针摆动的角度也随之逐渐减小。

聪明的奥斯特从这些实验中得出了一个结论：只要导线中有电流通过，在它的周围就会产生和磁铁一样的磁力。1820 年，奥斯特把这个重要发现公布后，立即引起了学术界的重视。因为以往只知道磁铁具有磁力，现在发现电流也能产生磁力，这确是一件新鲜事。这一发现揭示

了自然现象中存在着一种以往人们不知道的内在联系，那就是电能可以转换成磁能。

奥斯特的发现给年轻的法拉第以极大的启发，他也开始了电磁感应关系的实验。

法拉第是伦敦郊区一个贫民的儿子，没有进过正规学校，少年时在一个装订厂当小工，这使他有机会阅读到大量科学书籍。法拉第不仅善于自学，而且自己动手的能力也非常强，常常设计出相当精彩的试验方法。他在奥斯特发现电和磁的关系后，于1821年就开始了电磁实验。

奥斯特在实验中发现电引起磁针偏转

他设计了一种很简单但却很能说明问题的实验装置：在一个盛水银的小缸里竖放一根笔直的磁棒，并先用蜡把磁棒的一端固定在小缸底。然后再往缸里注入水银，只让磁棒的顶端（北极）露出液面。接着他用一根导线穿过一个软木塞，把它浮在水银液面上。因为有这个软木塞，导线和磁棒之间就不会直接接触，而处于绝缘状态。然后，他用另一根导线与电池的一个极连接，并把它越过缸边插入水银中，再把穿在软木塞上的那根导线连接在电池的另一个极上。这样，就形成了一个可以通过开关而闭合或断开的电路，因为水银也是导电的。

法拉第设想，如果电能变成磁力，软木塞上的那根导线就会绕着磁棒转动。当他把电池开关合上时，导线果然绕着磁棒转起来。他又想，如果把磁棒的北极竖放在缸里，导线就有可能绕着磁棒的南极向相反的

方向旋转，一试果真如此。法拉第高兴极了，但并不为此满足。

为了确证电力产生磁力的事实，法拉第又变换了一种实验方法：把导线固定，使它不能转动，而将磁棒漂浮在水银中（水银比重大，铁棒可以浮起来），使磁棒的一端刚好露出水银液面。当在电路连接好后接通电路时，磁棒果然绕着导线转了起来。

这个实验看起来很简单，但它在能源动力发展史上却有着划时代的意义，它不仅说明电力可以变成磁力，而且说明电磁可以变成使物体运动的机械能。他用这个原始方法做成的装置，实际上是世界上第一个把电磁能转换成机械能的最原始的电动机。

不过，法拉第当时还没意识到自己的这个简单的东西将来会成为打败蒸汽机的"对手"。但他非常清楚，电力可以产生磁力。

法拉第和他设计的电力产生磁力的实验装置

22 电可以生磁，磁能生电吗

——法拉第发明原始发电机

法拉第在成功地完成电可以生磁的实验后，很自然地就有了进一步研究的想法，那就是：既然电可以生磁，那么磁可不可以产生电呢？如果可以，就可以把机械能变成电能而制造出发电机了。

1831 年 8 月，法拉第又设计了一个实验装置。他用一个铁环，并在铁环的左右两半各绕了一组线圈，两组线圈相互不接触。左边线圈由三个小线圈连成一个大线圈，大线圈两端同电流计连起来；右边的线圈上则和一组电池组成的电池组连接。然后，法拉第开始了他的划时代的实验。

当他把右边线圈和电池接通后，与左边线圈连接的电流计指针动了一下后又不动了。这是怎么回事？法拉第想把右边线圈上的电池检查一下，看究竟是不是连接得不好。但正当他动手拆线时，左边线圈上电流

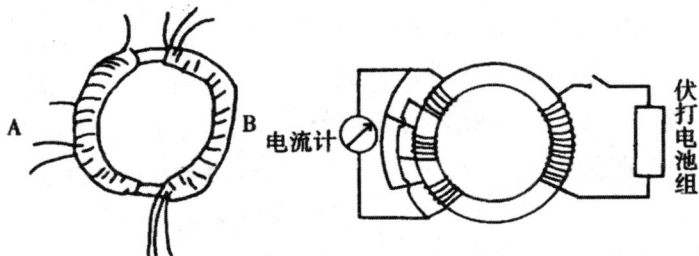

左边是法拉第日记上的草图，他使铁环上的电线感应电流。右边是示意图

计的指针又动了一下，随后又回到了起点。法拉第为了验证这种现象的可靠性，反复进行了上面的动作过程，竟回回如此。于是，法拉第得出了一个重要概念，即右边线圈中的电流（由电池提供的）可以在左边线圈中感应出电流。但是，法拉第对电流计上的指针摆动之后为什么又回到起点，这个现象说明了什么，还是不清楚。

这是法拉第日记上的草图

于是，法拉第开始了更深入的实验。他的最终目标是想使一根不与电池相连的导线中产生出连续的感应电流，而不是时有时无的间歇性电流。

一天，他用纸做了一个空心圆筒，用铜导线在纸筒上分层绕了 8 个线圈，再串接起来成为一个大线圈，线圈的两端和电流计连接。然后，他把一根条形磁铁插进空心圆筒，结果电流计上的指针动了起来，只要磁铁老是运动着，指针就不会回到起点处。他终于明白，磁铁可以用来产生电，并得出一个重要结论：是磁铁运动使导线中产生了电流，或者说，导线切割磁铁产生的磁力线（或称磁场）时，就可以产生电流。

这是法拉第利用磁铁产生电的实验

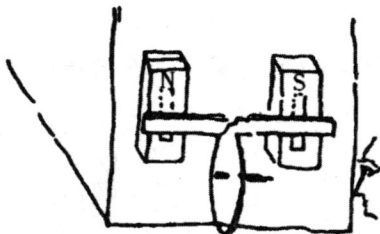

法拉第日记上的草图。他使磁铁两极间的铜盘不断转动，产生稳定的电流，这其实是世界上最早的发电机

根据这个道理，法拉第设计了一个可以让导线不断切割磁铁磁场的装置，使导线中产生了一股稳定地连续地流动的电流。这个装置就是法拉第圆盘式发电机。这个发电机的结构

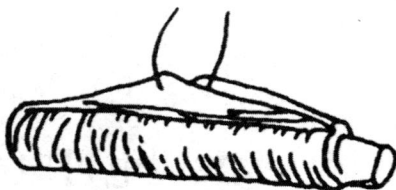

很简单，由一个铜盘和磁铁及导线和电刷组成。铜盘安在磁极的两极之间，用手柄不断地使铜盘转动，在铜盘的两侧各安一个滑动接触电刷，从电刷上引出导线和电流计相连。这时，电流计指针就会随铜盘的旋转而运动，铜盘转得越快，电流就越大。世界上第一台能持续产生连续电流的发电机就这样诞生了。

从此，人类才有可能进入电气化时代，因而人们记住了这位出身贫寒、学历不高，但却思想敏锐而又坚忍勤奋的发明家。

23　错接产生的轰动

——电动机从玩具进入工业应用

学过物理学和科学史的人大多知道，虽说英国的科学家法拉第在1832年完成了作为原始发电机的发明，这一发明为开创后来的电气化时代奠定了基础，但是，在当时，这种发电机发出的电力并不比伏打电池提供的电力便宜，所以应用不普遍，当时多作为一种科学玩具。

比如，后来有一种模仿法拉第发明的圆盘发电机的跳绳发电机，就非常有趣，很适合作小朋友学习发电机原理的玩具。这种玩具很简单，由两个小朋友拉着一组金属导线的两端，像甩动跳绳一样迅速摇动导线划圆圈，因为地球本身有磁场（磁力线），甩动导线时，金属导线就切割地球磁场。这时，你只要在导线的两端连接一个电流计，随着金属导线的甩动，电流计上的指针就会指示出有电流，导线摇得越快，电流就越大。当然，电流的大小和两个小朋友站的方向有很大关系。

更有意思的是，前面我们已经介绍过，在发电机发明之前，法拉第已完成了电动机原理的实验，并发明了电动机，但他研制的电动机是用

电池来驱动的，一旦电池用尽，电动机也就不转了。

有了发电机后，电动机应该说就有了动力，但事实却不是如此。怎样用发电机来带动电动机，竟经历了一段很长的时间。原因是要设

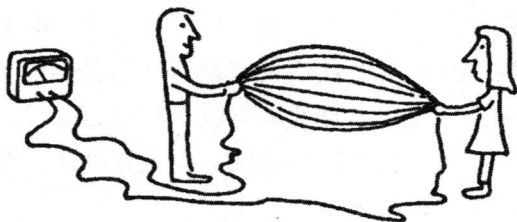

跳绳发电机

计一台用机械动力产生便宜电力的发电机并不那么容易，完成这一过程差不多用了半个世纪，到 1873 年才有所突破。在这时期有一段传奇的故事。

1873 年，在维也纳博览会上发生了一件偶然事件。原来一位不知名的工作人员无意间把两台发电机连接在一起了。在为参观博览会的人作表演时，一台发电机产生的电流通过了另一台发电机的线圈，结果后一台发电机竟在第一台发电机提供的电力下，呼呼地旋转起来，成了一台电动机。发电机能做电动机运行这一偶然的发现，立即在博览会上引起了轰动。工作人员为了公开表演这一"得来全不费功夫"的发现，特意用自来水布置了一个小型人工瀑布，即用瀑布的水力驱动发电机，然后让第一台发电机发出的电流通过第二台发电机的线圈，使它成为电动机，这台电动机再带动一个水泵喷水。这一表演使人们认识到，电磁感应通过发电机使机械能转变为电能，而电能可以通过导线传送到电动机，电动机又把电能再变成机械能。

这一表演，正是后来电气化时代的基本缩影。即由蒸汽或水力驱动涡轮机带动发电机，把热能或水力变成机械能再变成电能；电能经过导线可以输送到远距离的电动机、电炉、电灯等，又把电能转变成机械能、热能、光能等，完成了各种能量的相互转换，以适应人们的各种需要。

电气化时代的开始，是许多人劳动和智慧的结晶，包括那位在维也纳博览会上偶然把两台发电机连接在一起的工作人员。但法拉第和亨利

的贡献当首推第一。

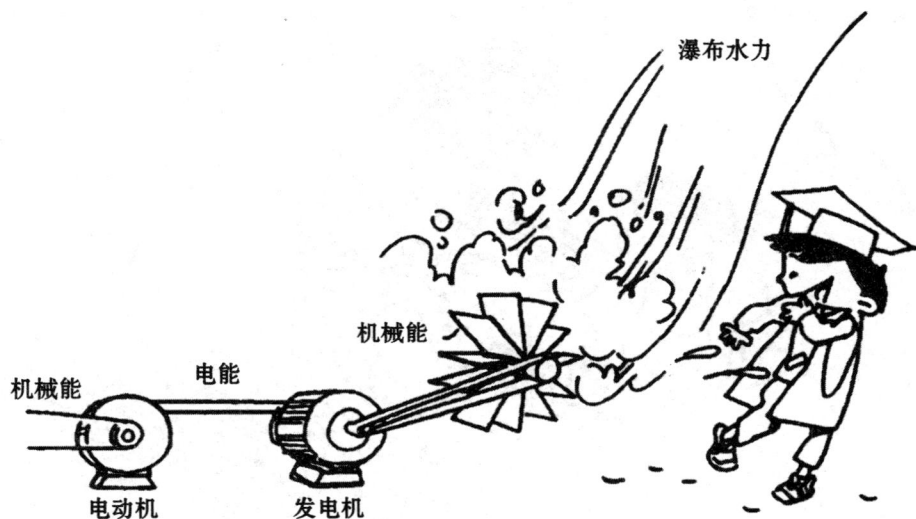

机械能转换为电能，电能又转换为机械能的实验表演

24 朗福特对"热素论"的挑战

——能量守恒定律诞生的曲折经历（一）

相传燧人氏是我国古代用人工取火的发明家，当时远古人"茹毛饮血"，即连毛带血生吃禽兽来维持生命，而燧人氏却用钻木取火，教会人吃熟食。反映我国原始时代已能从利用自然界的所谓"天火"进步到人工取火，知道用机械能（摩擦）可以变成热能。

大约在公元前 2000 年，古人就发明过一种弓钻，在古埃及西亚地区曾广泛使用这种弓钻在木头及兽皮上打孔。用弓钻使青铜钻头快速旋

钻木取火使机械能变成热能

转，打孔的效率就能大大提高。而如果用弓钻快速旋转，使木头和木头之间发生摩擦，木头就能起火。这也是机械能（摩擦）转变为热能的典型事例。但古人对于机械能可以转变为热能，只是知其然，而不知其所以然，因为那时还没有发现能量相互转化的规律和能量守恒定律。

那时的人还不知道"能量"这个词哩！这个词在希腊语中是"使物体进行某种动作"的意思。如奔腾的河水，可以推动沉重的水车；把石子放在有弹性的竹片上用力一拉后猛然松手，石子就会飞出去。原始人很早就学会了拉弓射箭，这种使别的物体运动或移动位置的能叫做动能，这一点古人早就知道。一个物体处于高处时，会自己向低处滚，这种能现在叫做势能，古人也是知道的。但势能是怎么来的？动能和势能之间的关系当时就不清楚。至于热、光和声音是不是也有能量，能不能变成机械能，就更不清楚了。

因此，在漫长的历史中，尤其是在发现能量守恒定律和它们的相互

转化规律之前，能源和动力的发展是相当缓慢的。到18世纪末，在能源发展史上才出现了一个历史性的突破，这就是发现了能量守恒定律。那时有一位叫朗福特（1753～1814年）的美国人在德国慕尼黑兵工厂任职。1789年的一天，他在巡视一个车间时，想看看从炮管上切削下来的金属屑。不料，他刚一触摸从内旋车床里飞出来的切屑时，手就被烫伤。他感到奇怪，不知道小小的金属屑为何有如此高的温度。但他没有放过这一偶然的现象，决心弄清金属屑烫手的奥秘。他发现，原来是钻炮筒的钻头与炮筒的内壁不断摩擦，因而产生了热。他还做了一个实验，证明这样摩擦所产生的热能使一壶水沸腾。1798年，朗福特到英国参加皇家协会的一个讨论会，在会上他对来自世界各国的科学家提出了一个观点，即"热是一种能量"。他把自己挨金属屑烫的意外事故作了介绍后说，金属屑发烫是由于内旋车床上的切削刀把机械能作用到金属上产生的热能引起的。从而最早提出了机械能可以变成热能的观点。

朗福特挨烫的触动

朗福特的观点当时受到一些权威的科学家们的激烈反对，因为那时的学术界普遍认为，热是由于一种叫做"热素"的物质在发生作用，而"热素"是既没有质量也没有体积的一些流动着的微粒。认为温度高的物体"热素"就多，温度低的物体"热素"就少。朗福特说热是由机械摩擦产生的，等于否认了"热素论"，这是"热素论"派的学者们所坚决不能接受的，因此对朗福特的观点采取了完全否定的态度。然而朗福特对自己的发现深信不疑，因为那是他通过观察和实验总结出来的，同时也是任何人都可以重复同样的实验加以检验的。

25　迈尔差点自杀

——能量守恒定律诞生的曲折经历（二）

　　尽管朗福特的"热是一种能量"的观点没有得到当时学术界的承认，但他并不灰心。为了证实自己的观点，他曾让一匹马拖着一把镗具转动，镗具紧紧地顶着黄铜炮筒，炮筒装在一个木箱里，木箱里装着8.2千克凉水。当马拉着镗具在炮筒上不停地摩擦时，炮筒在摩擦中渐渐变热，经过2小时45分钟，竟然使箱里的凉水达到了沸腾的温度。

　　1799年，英国一位叫戴维的科学家也进行了一个有趣的试验，他受朗福特的启示，在真空中使两块冰互相摩擦，结果冰完全变成了水。朗福特等人的试验令人信服地证明，热不是"热素"，而是一种"能量"。从而引起了许多科学家的思考。因为如果热是一种能量的话，那么温度高的物体应该比温度低的物体具有更多的能量，而且任何物体都应该具有与温度有关的能量，这种能量姑且把它叫做"内能"。这样，无论什么物体，包括体温在37摄氏度左右的人体，除机械能（人力）外，也应该具有"内能"。如果朗福特所说的机械能可以转变成热能的观点是正确的，那么人在运动时，体温就应该升高。

　　事实也的确如此，当人激烈运动时，人运动的那部分机械能有一部分真的转化为内能，所以运动后人体的温度升高，身体就有发热的现象。

　　1840年，一位叫迈尔（1814～1878年）的德国医生，在印度尼西亚爪哇岛旅游时，发现一个有趣的现象。他因为喜欢研究，所到之处都爱行医，以积累资料。一次，他发现从当地土著人静脉中抽出的血液的

颜色和动脉血几乎一样，是鲜红的而不是通常的暗红色。一开始他很奇怪，后来，他受到朗福特关于"热是一种能量"的启示，于是解释说，这是不是因为热带地区气温高，因此几乎不需要利用血液中的养分来维持体温，于是动脉血和静脉血的颜色就没有什么变化呢？

为了证实这个想法，迈尔也做了不少试验。他终于得出一个结论：所有物体所具有的与某种变化有关的机械能和内能的总和，总是保持恒定的值。这个结论比朗福特的论点实际上又进了一步，因为这个观点实际上讲的就是"能量守恒定律"的基本内容。

但是，当迈尔把他的观点发表在德国的报纸和刊物上时，却没有受到应有的重视，谁也没有为他的这项重要发现欢呼和喝彩。迈尔因为自己的成就受到冷落，心情很不平静，逐渐患上了神经衰弱症，并且曾经有过轻生的念头，企图自杀了却残生。所幸，由于另一位英国物理学家焦耳的出色工作，迈尔的观点终于得到了科学界的认可。

因为在迈尔进行实验的同时，著名的物理学家焦耳（1818～1889年）也在研究机械能可以转换成热能这个问题。他也发现，虽然物体的机械能可以转换成热能，但能量的总和仍然保持恒定。

26 焦耳"一锤定音"

——能量守恒定律诞生的曲折经历（三）

英国的物理学家焦耳为了证实能量守恒定律，经过周密考虑，设计并制造了一个测定能量的装置，用来确定机械能与热能之间转换的准确比率。在这个装置中，他使一个叶轮在装有水的容器中旋转，叶轮旋转时和水摩擦产生的机械能可以产生热量，从而使水的温度升高，通过测

量水的温度，就可以知道有多少机械能变成了热能。

焦耳从 1842 年一直实验到 1847 年，整整花了五个年头，详细研究和证明了机械能和热能之间的转换关系。最后得出了不同形式的能量可以互相转换并且总的能量始终保持一个恒定值的结论。也是在 1847 年，德国科学家赫尔姆霍茨也发表了与迈尔和焦耳两人的观点一致的论文，他们都一致证明了能量守恒这一规律。

迈尔的观点在经过多年冷落之后，终于受到了科学界的承认。当迈尔一直活到 1878 年时，

我国古代发明的高转筒车就是将水的势能转化为机械能的一例

终于享受到了自己种下的成功之果的甘甜与欢乐。人们虽然从燧人氏起就早已知道机械能变成热能的现象，但一直只知其然，不知其所以然。朗福特、迈尔、焦耳的研究，说明了能量的守恒，也证明了能量的转换。这是在能源的开发和利用上提出的重要理论根据。

拿"热"来说，实验证明，热的确不是一种什么可以"流动"的微粒，事实上也没有所谓"热素"的存在，热是一种能量，是运动的一种形态。比如：冷的钻头钻冷炮筒，互相进行激烈的不断的反复摩擦，就可以产生热·摩擦是机械作用，这就是机械能转换为热能。又如，燃烧木柴可以生热，而燃烧是化学作用，也就是化学能转换成了热能。我们还体会到，白炽灯在发光时，灯泡也会变热，这是电流的作用，也就是电能转换为热能。同样我们也看到，热能也可以转换为机械能、化学能和电能等等。

这样，人们的思想就开阔了：能是可以互相转化的。自从人们从理

论上认识了这个自然规律以后，对于能的开发利用就进入了自觉而又广泛的领域：当你意识到某种情况下蕴藏着某种能源时，就可以想出各种方法，使能量加以转换，通过转换得到另一种更方便的能量去为人们做工、干活。人们不再停留在像从蒸汽机得到动力那样，只依靠热能去推动机器做功，只停留在利用热能转换为机械能这种方式上。正如现在大家所看到的，由于电能是最方便的能量形式，因此通常的方式是千方百计把各种能量（如热能、机械能、化学能、光能、风能、水力能、地热能等）转换成电能，因为电能可以方便地用导线传送到任何地方。

比如，我国现在正在建造的三峡水库，通过水的落差由势能变成动能推动水轮发电机发电，也就是由机械能转变成电能。这时只要从三峡水力发电站架设电线通往需要使用能源的地方，就能方便地使用长江的水力这种用之不竭的能源了。

27　"魔术师"创造的奇迹

——爱迪生蓄电池

蓄电池是现代使用非常普遍的一种最方便的能源，它可以随身携带。汽车点火启动、飞机点火起飞、游客想在旅途中收听广播等等，都离不开蓄电池。各种蓄电池都有其自己的传奇经历，这里只讲爱迪生发明的镍铁碱蓄电池的故事。

19世纪末，蓄电池的应用已相当普遍，但那时的蓄电池是用铅和硫酸制成的。铅和硫酸在发生化学反应时能产生电流，但硫酸这东西腐蚀性太强，铅经不住它的侵蚀，用不了多久就会损坏，寿命太短，所以这种铅硫酸蓄电池弄得用户怨声载道。

爱迪生知道后，决心发明一种无铅蓄电池。爱迪生的妻子米娜听人说，做蓄电池非用铅不可，就给他泼冷水。但爱迪生不听，他认为世界上没有不可解决的难题。他动员了手下一大批人用碱性溶液和铅以外的几乎所有找得到的金属元素做了上万次试验，硬是没有成功。就连他手下的工作人员也认为：想制造无铅蓄电池看来确实不行。

但爱迪生决不甘休。他弄来400只玻璃杯装着碱溶液继续进行各种元素试验，寻找新的蓄电池材料，而且在试验期间谢绝一切来客，只有至亲密友在经过秘书的认可后才能见到他。他就这样一气做了4万多次试验。

1904年，爱迪生终于用烧碱（即氢氧化钠）溶液代替硫酸，用镍和铁代替铅，制成了一种镍铁碱电池。因为镍和铁对烧碱有抗腐蚀作用，寿命比铅硫酸蓄电池长多了。试验成功后，他的助手很高兴，雀跃欢呼，准备向新闻界发布消息。但爱迪生不让张扬，他指示把蓄电池装在电动车上，按6条线路，每辆车行驶160.93千米，进行蓄电池耐颠簸和寿命试验。这种试验进行了两个来月，6部电动车因受不住道路上的颠簸，几乎散了架，而新的镍铁碱电池却安然无损。爱迪生还叫人把成箱的电池从二楼、三楼甚至四层楼的高处往下扔，蓄电池也完好无损。爱迪生这才决定大批量生产这种新型蓄电池。

1904年夏天，美国的报纸欢呼爱迪生发明的蓄电池是"魔术师最近创造的奇迹，是电力世界的一次革命"，"爱迪生的出现，意味着又一件以往认为不可能的事已无可置疑地完成了。而且新的蓄电池电力大，重量轻，不含酸也不用铅，可以反复使用，真是完美到家了"。

可是不久，爱迪生发明的蓄电池突然出了毛病，经常发生漏电现象，这给他很大打击，因为为了发明和生产这种蓄电池，他花掉了50万美元。但是，他仍决定工厂立即停产，并追回所有已出厂的蓄电池。从此镍铁碱蓄电池在市场上绝了踪影。

爱迪生重打锣鼓另开张，经过了几年的努力，终于在1909年夏天发明了一种不漏电的镍铁碱蓄电池，并在1910年投入了大规模生产。

这期间他为此进行的试验也达上万次。

人们为了纪念这位伟大的发明家，把镍铁碱蓄电池称为爱迪生蓄电池，直到现在，这种蓄电池仍占有很大一部分市场，当然也有了进一步的改进。

28　不冒烟的发电厂

——燃料电池

除伏打电池外，所有化学能在转变成电能之前，几乎都要经过中间燃烧，先得到热能，再由热能变成机械能驱动气轮机发电，把机械能再转变成电能。由于通过这些中间环节，所以要损失许多能量，转变效率很低，一般的火力发电，消耗的燃料只有 10％ 左右能转变成电力。能不能不经过中间燃烧等环节，直接让化学能变成电能呢？能！这就是 20 世纪 50 年代开始诞生的燃料电池。

不过，追本溯源，燃料电池理论在更早的年代就已产生了。燃料电池的设想，是从化学反应的可逆反应规律推理出来的。1790 年，英国化学家尼科尔森设计了一个伏打电池堆。当他将连接电池堆两端的导线放在水里通过电流时，他发现导线的两端有气泡逸出，经过分析，这两端逸出的气泡分别是氧气和氢气，他断定氧和氢是水在电流作用下被分解而成的。尼科尔森的这个实验证明了另一位英国化学家卡文迪许提出的结论：当氧和氢进行化学反应后，就结合成水。而水的电解是水的合成的逆过程。

这个实验结果，从另外一个角度激发了美国一位名叫格罗夫爵士的设想：既然水能在电解中被分解为氧和氢，那么反过来，当氢和氧进行

化学反应时，是不是可以产生电呢？1842 年，格罗夫设计了一种实验方法，让氧和氢起化学反应（缓慢燃烧），结果同时测出了反应过程中产生的电流，证实了自己的设想。不过当时测出的电流非常微弱，以致他的重要实验结果没有受到科学界的足够重视。

进入 20 世纪 20 年代后，电力在生活中的地位日益重要，但发电站的建立投资大而进度缓慢，且成本高。1932 年，英国剑桥大学的年轻化学家培根又想起格罗夫用氢和氧合成时产生电流的实验。他想，这样产生的电流是不是也可以利用呢？虽然一组电池得到的电流很弱，如果加大电池的容量，电流不就可以加大吗？于是，他设计了一个电池组，每个电池都有两个电极，电极是用镍粉压制的多孔平板做成的。电池是在 40％氢氧化钾溶液中在高温和高压下输入氢气和氧气，结果获得了54 瓦 24 伏的电源。用这一电池可以推动一把圆锯工作。

从此，燃料电池开始受到重视。它的结构和制造都比较简单。人们可以将含有氢的天然气等燃料从一根管道送进电池，将氧或氧化剂从另一根管道送进电池；天然气中的氢在有微孔的燃料电极上与氢氧化钾等碱性电解质进行氧化反应，生成带正电的离子和电子；电子通过电路进入氧化剂那边的微孔电极上，并在这个电极上与氧化剂及电解质进行还原反应，生成带负电的离子。这样，正负离子在电解质中结合，生成水蒸气并产生电能。因此只要不断将含有氢的燃料和氧化剂供给电池，并及时把电极在反应过程中产生的化合物（水）排出，就能通过燃料电池将燃料产生的化学能直接转换成电能，这一过程称为电化学反应。

由于这种反应过程惟一的生成物是水，从而避免了火力发电站产生大量二氧化碳和二氧化硫等有害气体对环境的污染。也不像原子能发电站那样，必须处理带有放射性的核废料。

20 世纪 50 年代，美国最先开始从事有实用价值的燃料电池的研究，60 年代首次在太空飞行中使用，美国的"阿波罗"登月飞船上的通信设备实际就应用了美国产的燃料电池提供电力。该燃料电池使用氢作燃料，纯氧作氧化剂。而飞船上航天员饮用的水，就是燃料电池的生

正极 +　　碱液出口　　- 负极

氧入口　　　　　　　　　　　　燃料入口

氧气室　　电解质　　氢气室

尾气出口　　　　　　　　　　　尾气出口

燃料入口

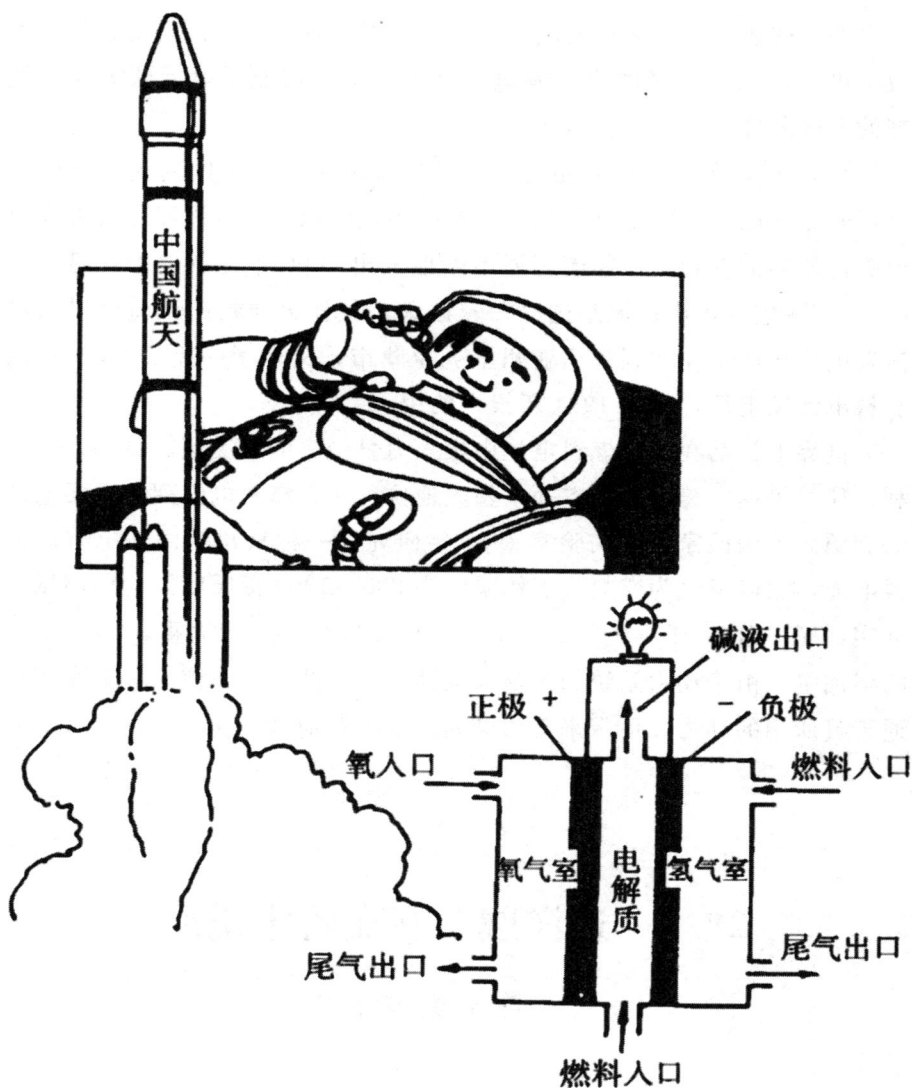

燃料电池示意图

成物：氧和氢在燃烧过程中化合生成的纯净水！

　　由于燃料电池直接将化学能转变成电能，燃料不经过中间燃烧，所以热能转换效率高，比火力发电的效率高5％～20％。它在化学反应时

放出的热能还可以用来再发电，或生产蒸汽和热水，所以总的能量转换效率可达到 80％，是继火力发电、水力发电、核能发电后的第四种类型的发电装置。

1992 年，在美国加利福尼亚州圣克拉蒙市，有一座别具一格的发电厂开始发电。这家发电厂既没有熊熊燃烧的锅炉，也没噪音很大隆隆地高速旋转的气轮机，却能源源不断地发出 1000 千瓦的电力，足以供应 20 家住宅的用电。原来这是一家以天然气作为原料的试验性燃料电池发电厂。后来在加利福尼亚州圣克拉蒙市，又建了一座 2000 千瓦的燃料电池发电厂，并于 1994 年投入使用。

世界上目前在研究燃料电池中投入力量最多的是美国、日本、意大利、荷兰等国，美国和日本处于领先地位，并将燃料电池列为重要的战略能源。美国国家阿贡实验室 1987 年研究出一种氧化锆固体电解质燃料电池，它以氢气为燃料，工作温度为 800～1000 摄氏度。他们用试验证实，用一台 70 千克重的燃料电池，可以取代 360 千克重、73.5 千瓦的柴油机。由于动力系统的重量大大减轻，因此，对于汽车、火车等交通工具所用的动力，可带来无污染高效能的革命性变化。

29 "巡洋舰"在血管中遨游

——静电微型电机

穿化纤衣服的人都知道，在脱衣服时会发出轻微的噼啪声，有时还会感到皮肤像针扎一样的疼痛，这就是静电在搞"恶作剧"。严重时，静电还会给人带来灾难。1992 年 3 月 26 日《北京晚报》登了一条消息，说上海崇明县有一姓黄的农民，睡下不久就看到妻子和儿子身上

"嘭"的一声蹿起多处火苗。原来这是由化纤衣服和毛毯摩擦产生的静电引起的火灾。

雷电也是由静电引起的，不过雷电的能量大得多，每年雷雨季节，雷电击死人畜和树木的事情屡有发生。看来，静电这"雷公爷"还真害人不浅！于是有人想，静电既然有这么大的能耐，能不能用它为人类做点好事呢？1966年，有一位叫阿西莫夫的美国人写了一部科学幻想小说《奇异的航行》，其中讲了一个比红血球还小的"巡洋舰"，在人体的血管中到处漫游的故事。"巡洋舰"看到了血管壁上形形色色的斑块。这个科幻故事提出的设想很吸引人，但在现实中，这样微小的"巡洋舰"，将用什么作动力呢？

用柴油机显然不行，柴油燃烧的废气会要人的命。用通常的交流或直流电动机也不行，因为会有一条长长的"尾巴"——输电线拖在"巡洋舰"后面。于是美国加利福尼亚大学有一位叫马勒的工程师，想到可以利用静电来做这种在人体血液中"巡逻"的"巡洋舰"的动力，把科学幻想变成现实。

1988年5月，马勒和他的伙伴们利用现代化的光刻技术终于制造出了世界上最小的微型电机，电机所用的动力就是用两种处于不同电位的材料产生的静电。整个电机只有一根头发那么粗（约70微米直径），其中的传动齿轮只有一个红血球那么大，在一张普通大小的邮票上就能放上10万个这种电机。更有趣的是，电机的耗电量极小，亿万只静电微型电机的耗电量只相当于一个电动削铅笔刀的能量。

这种微型电机的用处多得很，现在美国、日本和德国的一些科学家都在设计用这种电机作动力的微型机械。其中有的真的可在人体血管中"巡逻"，遇到心血管有粥样硬化斑块或血管肿瘤，它就能开动手术刀把它切掉，遇到血栓，就把它们打通。

美国已有人在设计用这种微型电机安在一种极小的"机器虫"上，这种机器虫能像昆虫一样到处飞，或者潜入水下，或者潜伏在地面上，探查敌情。因为在机器虫上安装了能像人的耳、眼、鼻一样感觉各种信

号的传感器，所以可以把情报记录下来。

美国的约翰斯·霍普金斯大学正在研究一种用静电微型电机驱动的"智能丸"，"智能丸"吞咽到人体内后，丸上的大量传感器把人的心率、体温、病菌等情报收集后，再由丸内的微型电脑计算出需要释放出的药量，自动治疗疾病。例如，有糖尿病的人将一颗含有胰岛素的智能丸吞进体内，智能丸就会自动测量病人体内的血糖含量，再发出命令，打开一个微型阀门释放治疗糖尿病的胰岛素，控制病人病情的发展。

30　化腐朽为神奇

——牛粪大放光明

牛，全身都是宝，也是一个动力能源库。牛肉和牛奶是美味佳肴，可为人体提供能量；牛皮可以制造皮鞋、皮衣、皮帽，为人体保暖，节约热能；牛粪干燥后可以烧火做饭，是高原缺煤少柴的不发达地区的宝贵能源。至今，西藏、内蒙一些地区的牧民仍然用牛粪烧火做饭和取暖。

但在发达国家，牛粪曾一度成为灾难。例如，澳大利亚的草原曾由于牛粪太多，"淹没"了大片草地，结果牛羊遭殃，牧民也大受损失。为此，澳大利亚曾不得不从中国进口能干的屎壳郎来清除牛粪。在美国的养牛场，牛粪造成的麻烦也不小。

例如，在美国加利福尼亚圣地亚哥以东176千米的郊区，有一个巨型的养牛场，这里每天排泄的牛粪，真可以说堆积如山。它们使牧场周围臭气熏天，无风时，臭气越集越浓，能使人窒息；有风时，臭气传百里。因此如何处理这些牛粪成了一个大问题。

牛粪发电厂

环境学家对养牛场提出指责，养牛场"急中生智"，请求美国能源公司帮忙。还算不错，美国能源公司决定起用牛粪这个宝贝，让它燃烧发电，然后再把万能的电力送到千家万户。1989年，在养牛场附近建立起了一个专烧牛粪的发电厂，这个电厂真称得上是变腐朽为神奇，有"点石成金"的功夫。它每小时燃烧40吨牛粪，可以发出1.6万千瓦的电力。每年可获得800万美元，5年多就回收了4600万美元的投资。用牛粪发电，每千瓦时的成本才7美分。

这个牛粪发电厂除能生产电力外，每天排出的约160吨灰渣也是有用的宝贝，有的卖给公路建设部门用于铺设路基，有的用作农田肥料，有的还可作污水吸附剂，真是神通广大。更重要的是，因用牛粪作燃料发电，每年相当于节省了约30万桶石油。

许多人参观过这家罕见的牛粪发电厂，其发电过程非常别致有趣。工人们先把收集起来的牛粪堆积晒干，经长期自然风干达到脱水标准后，可送到临时贮存库，也可以直接送到炉膛内燃烧。炉膛内有多层炉床干燥器和搅拌器，以利牛粪完全燃烧。为了消除牛粪燃烧时产生的臭

味，在燃烧炉内有一个处理残存挥发物和臭气的"后燃器"。后燃器中放有石灰石来吸收二氧化硫等有害气体，使排出的废气净化，不致严重污染空气。

这个牛粪发电厂每天燃烧 800 吨牛粪，输送带日夜不停地开动，把牛粪送到焚烧炉内燃烧。它产生的热能使锅炉内的水每小时产生 68 吨蒸汽，推动一部涡轮发电机发电，其电力足够供应 2 万户家庭使用。

英国一家公司受美国牛粪发电厂的启发，1990 年在萨费克郡艾伊城附近建立了一个鸡粪发电厂。原来这里有一个养鸡场，每天排泄的鸡粪也让人头痛。有人曾想用鸡粪作农肥，但鸡粪中含的硝酸盐渗入土壤和进入水管后，会造成严重的水质污染。但如果用来燃烧发电，就可以避免这一缺点。

英国的这个鸡粪发电厂每年可燃烧 10 万吨鸡粪、褥草及木屑等鸡场废料，发电 1 万千瓦，供 1 万户家庭取暖和照明。

31 不再为城市污泥烦恼

——污泥也能发电

在城市中，有一种麻烦是最令人头痛的，那就是下水管道被堵塞，污水外溢，臭气熏天。下水管道为什么会堵塞？原来在家庭和工业废水中，常含有大量的污泥和腐烂的有机物，它们在管道的拐弯处或狭窄处沉积后，日积月累就会阻塞管道。要疏通下水管，就要掏出其中淤积的污泥。由于污泥腐臭不堪，污染环境，必须处理。以往的办法是先将污泥脱水、烧结，然后找一个地方掩埋起来，但这种办法不仅费用高，而且效率很低。

在日本，城市污泥的处理也是长期困扰管理人员的难题。20世纪80年代中期，这个难题落到了通产省工业技术院公害资源研究所的研究员横仙伸的头上，为此事他绞尽了脑汁。

为了寻找处理污泥的好办法，横仙伸从不同地区取来城市污泥进行化验，结果发现，不同地区的污泥成分并不相同，但大多数都含有约75％的水分。于是，他先将污泥脱水，变成固体状态的污泥。分析成分后发现：干燥的污泥中含有约84％的有机物，可以燃烧，因为有机物中的含碳量达49％，含氧约39％，含氢8％，含氮3.7％。他把这些干燥的污泥放入一个300摄氏度的高温反应器内，又加上10133千帕的压力，在这个高温高压反应器内，污泥中竟有半数有机物变成了重油。

横仙伸终于找到了处理污泥的有效办法，既解决了环境污染问题，又得到了重油这种能源。几乎与日本在同一时期，德国研究城市污泥的科学家也发现污泥中有可燃物质，可惜他们没有深入研究下去。但德国这一发现却受到加拿大科学家的重视，加拿大政府还在哈米尔屯的安特尼城建立了一个实验工厂，进行污泥变燃料的研究。

他们通过机械方法先将污泥中的大部分水和无用的泥沙去掉，再将污泥干燥，然后将干污泥放进一个450摄氏度的蒸馏器中，在与氧隔绝的条件下进行蒸馏。结果，气体部分变成了燃油，固体部分成为炭。

这一技术成熟后，加拿大的这家实验厂一天可以处理25吨污泥，每吨污泥可产出2桶与柴油相似的燃料和半吨烧结炭。1986年，美国和日本也相继开始实验用这些方法处理污泥。

日本东京地区，下水管道污泥量每天达10万立方米，以前主要是采取填海或掩埋方法处理。近几年，日本有40％的下水管道污泥不再用来填海，而是用污泥块与重油混合，经脱水脱油制成少水少油的污泥燃料，用来发电。1吨污泥可发电800千瓦时。后来，日本又在南部建立了一个日处理250吨污泥、日产约50吨污泥燃料的发电站，发电能力达1700千瓦。污泥成了有用的能源。

32　热量银行

——不消耗燃料的自我保温大楼

在北方的冬季，家家都要生炉子或安暖气片取暖，每年都要消耗大量能源。不仅如此，炉子烟囱冒出的煤烟还要污染空气，尤其是烧煤取暖的人家，稍不留心就会煤气中毒。能不能建一种不要烧煤也不要安暖气片就能保暖的房子呢？能！1987年，在美国波士顿就有人建造了一座8层高的办公大楼，在这座大楼里，既没有炉子，也没有暖气设备和任何取暖的装置。

奇怪的是，这座楼房即使在严寒的冬季，也能使室内温度保持在23摄氏度左右，比我们一些有取暖设备的房子的温度还高些。这是怎么回事呢？原来，这是根据一个简单的道理设计的一栋特殊的大楼，是由波士顿市的一批建筑设计师设计的。他们想，人本身的体温就是一个低温炉子，温度是37摄氏度，周围的空气一般总比人的体温低，如果能把每个人每时每刻向空气中发散的热量收集起来并保管好，像储存在"热量银行"一样，到冷天再取出来，不就能取暖了吗？还有，每个办公室房间里都有电灯泡，平时只要一开灯，它在发光的同时还发热，如果把这些热量也收集起来再储存到一个地方，等需要取暖时再把它取出来，不是也很可观吗？还有许多用电的办公室用具（如电子计算机、电风扇、电冰箱、空调器等），在通电工作时都要散出一部分热，把所有这些热收集起来，积少成多，到冬天就足够用了。

于是，这批建筑设计师就按这个想法开始设计建造楼房。他们在这座大楼里装设了大量的吸热器，把这些热量收集起来，从管道中输送到

地窖内的一个很大的蓄水池中，收集的热居然能把蓄水池中的水加热到 40 摄氏度左右，然后在需要时把这些热水经另一组水管输送到大楼的办公室。

白天，当这座大楼的工作人员都上班时，大楼内的人和各类通电的办公设备因频繁操作，大楼中央部分的温度就迅速升高。这些建筑设计师计算了一下，一个人的正常体温可以产生相当于 1 瓦的灯泡的热量，大楼内有 2000 多人，就相当于一个 2000 瓦灯泡的热量，再加上各种办公设备工作时的热量，总起来就"集腋成裘"了。

在假日和休息日不上班时，吸热系统却不休息，照样把各种不停止工作的电器设备散出的热量抽到保温效果非常好的地窖蓄水池里，再慢慢经过安在大楼外墙中的管道中进行循环流动，使大楼始终保持一定的温度。

为了使保温效果更加良好，这些建筑设计师在设计大楼的外墙时，又特意加厚，玻璃门窗也比普通的楼房要厚。在夏季的高温季节，这座大楼内却保持了适宜的温度，因为室内的抽热系统已把热量抽走，从另外一组管道送走，送到屋顶上的几个大型冷却塔中。因此，在这座大楼里，气温四季如春，由于不用烧煤或石油取暖，这座大楼一年就可节省燃料费 40 万美元。

33　灯泡内不用灯丝

——长寿命节能电灯

绝大多数电灯泡，里面都有钨制的灯丝，但钨是重要的战略物资，常常供不应求，而且现在普遍使用的钨丝白炽灯，用不到 1000 小时就

会烧坏，以每天用 4 小时计算，只能用上一年时间还不到。为了延长钨丝白炽灯的寿命，有关电灯的改进和发明连续不断，却很少有突破性的进展。

但科学家并没有放弃努力，仍然不断探索。不久前，美国的科学家发明了一种独特的电灯泡，它根本不用钨灯丝，而是用高频无线电波点亮，一只灯泡竟可以用 14 年之久。

不用灯丝的灯泡会是个什么样子的呢？这是一种古怪的灯，它也有一个密封的玻璃泡，但不像一般的里面是抽成真空的电灯，而是在玻璃泡里面灌进了一种气体混合物，玻璃泡的内表面层还涂了一种磷涂层。

玻璃泡内有一个独特的装置，这个装置在打开电灯开关接上电源之后，本身不发光，却产生一种高频无线电波。高频无线电波使玻璃泡内的混合物发出一种光谱，称为不可见光，但是这种不可见光照射到玻璃泡内的磷涂层上时，磷就发出可见光来。

现在有一种荧光灯（日光灯），也是用电极使管内的气体中产生电流而发光，即荧光。但因为管内有电极，时间长了电极也会被电流烧坏。而这种产生高频无线电波的灯泡，没有什么电极会被烧坏，所以使用寿命就特别长。

这种新型灯泡的优点不只是寿命长，省钨丝，还能像白炽灯一样用调光器调节亮度，可明可暗，并能在 1 秒钟内就可以通断，没有闪烁不定的缺点。在寒冷的条件下也能顺利工作，而现在常用的荧光灯需要在温暖的条件下才能顺利发光。

这种新型灯泡叫电子灯泡，价钱和现在的小型荧光灯差不多，每只为 12～15 美元，但因为寿命比荧光灯长得多（荧光灯的使用寿命为 7000～10000 小时），所以总起来说，就比荧光灯合算，比白炽钨丝灯更合算。

在美国，买一只 100 瓦的钨丝白炽灯，每天使用 4 小时，一星期约花费 30 美分。但如果买一只 25 瓦的这种电子灯泡，却可以得到和 100 瓦的白炽灯同样的亮度，一星期只花 9 美分，真是既节能又省钱。

有人认为，这种电子灯泡是灯泡发展史上的一项重要突破，并预计在不久的将来，在美国也许甚至在全世界将出现一个更换新一代电灯泡的高潮。随着生产量的增加，电子灯泡的价格也许还能进一步下降。

从另一个角度来看，节能也是开创了新能源。

34　想方设法减少能源消耗

——节能医院

英国在 20 世纪 70 年代的石油危机中曾饱受缺少能源之苦，比如，一些汽车跑着跑着没有汽油了，最后只好用马车拉回家。因此英国人千方百计开发新能源，包括开发太阳能和风力发电等。医院是能源消耗大户，试想，如果正在做着开胸开颅手术，突然停电了，那岂不要了患者的命？因此，英国自那以后，开始设计一种称为节能的高效医院，意思是既要节能又要高效满足医院对能量的需求。

在英国的诺森伯兰郡建成了一座实验性低能耗医院，叫旺斯贝克医院，这座医院是英国国家健康服务中心花了 12 年时间研究出来的科研成果。它的设计与众不同，不仅所有窗户都采用隔热双层玻璃，照明和灯光系统都用节能灯泡，而且灯光系统可以根据自然光的亮度自动开关电源，自然光充足时，灯泡自动关闭，自然光弱时，灯泡自动接通发光。

更有趣的是，这家医院无论在哪儿消耗的能量，都能得到回收重新利用。比如，各种发热装置放出的热量会使周围的空气加热，于是就可以将这些热空气通过换气系统使热量传给冷空气。又比如，在英国，白天和晚上的电费是不一样的，白天电费贵。因此这家医院凡是用来加热

的设备，白天一律不用电，而是由一家煤气热力厂提供的煤气加热。并且还要把白天消耗的热量回收，再在夜间用作取暖。回收的方法是把白天多余的热量送到一个储热池，储热池实际上是一个设在地下室的大水槽，多余的热量将水加热把能量保存起来。

旺斯贝克医院在节能方面真可以说是动足了脑筋。据统计，这家医院在用电最多时，大约需要 600 千瓦的电。为了节省电费，医院就在电费最贵的白天，尽量少用公用电网的电，而是用煤气热力厂单独提供的电力。他们还建立了一台功率达 65 千瓦的风力发电机，只要有风，就尽量采用这种天赐良"源"。由于这家医院所处的位置正在风口，每年约有 6 个月可以利用风力发电。

由于旺斯贝克医院采取了这一系列节能措施，和同样大小的医院相比，每天可以节约大约 60％ 的能量，节约的费用达 170 英镑。正因为如此，到 20 世纪末，英国将有许多类似的节能医院出现。

在英国的怀特岛上，1991 年 5 月开业的圣马利医院也是一家节能医院。它采取的各种节能措施，能使它比同样大小的普通医院少消耗 50％ 的能源。在这家医院的所有病房，顶层都开有天窗，依靠天窗可以增加自然光。在夏天阳光充足时，不仅可以节约照明用电，多余的太阳能还能通过集热器收集起来供夜间使用。

想方设法节约能源，从另外一个意义上说，也就相当于开辟了新能源。

35 集腋成裘

——利用人体能量发电

社会发展到今天，人力在生产和劳动中占的比重已越来越小，各种现代化的机器可以代替繁重的体力劳动。农田灌溉已很少用人力水车；织布纺纱早已由纺织机械代劳；汽车成为代步的工具，比自行车更加快捷方便。尽管操纵这些机器还是要靠人力，但劳动强度大大减少了。

但人的能量潜力是很大的，因此充分利用人体能量仍然是科学家们研究的课题。比如，人体不仅能进行各种体力劳动，人体还能发电。乍一听，也许你会奇怪，人体怎么会发电呢？其实，任何机械都能发电，比如用手摇发电机就能发电，只是这种方法太原始了，因此能源专家们想出了一些绝妙的办法。

大家知道，许多大商场，每天进进出出的人成千上万；一些大旅店，来往旅客也是川流不息。这些人群都带有不可低估的能量，他们都要用手推动旋转门，别小看每个人的这一举手之劳的能量，把这些能量加在一起则相当可观。因此聪明的能源专家就在旋转门下的地下室安装了人体能量收集器。所谓能量收集器，其实相当于机械式钟表中的发条，发条拧紧后，就会通过棘轮稳定恒速地释放能量，使钟表得到行使的动力。这个能量收集器和旋转门的轴相连，通过旋转门的人越多，发条就拧得越紧，积蓄的能量就越多。能量收集器再用变速机构和发电机的轴连接起来，这样，当能量收集器中的发条松开释放能量时，就可以带动发电机发电。人群推动旋转门得到的机械能，通过发电机变成了电能，这就是人力发电的奥秘。这些电能可以直接使用，也可以用蓄电池

储存起来作备用。

人体本身的重量也是一种重力能。比如，在美国有一家公共交通公司就在行人拥挤的公共场所安装一种脚踏发电装置。发电机上方有一排踏板，当行人踏上踏板时，体重就压在踏板上，使和踏板相连的摇杆从一个方向带动中心轴旋转，从而带动发电机发电。

在美国纽约的一条繁华的街道上，能源专家们将 20 块金属板铺在路面上，在每块板下放一个储蓄循环水的橡皮容器。当人群或汽车经过金属板时，金属板就将容器内的水压出，产生高速水流，经地下管道通往路边的发电机房，推动水轮机发电；在人群或汽车通过后，橡皮容器又恢复到原状，水又返回容器内，准备再次受压。如此循环不已，就能不断发出电流。据计算，当上百人或一辆 5 吨重的汽车压在金属板上时，可产生 7 千瓦时的电力。

人体还是一个温度约为 37 摄氏度的永恒的热源，这也是一种可以利用的能量。这个 37 摄氏度的"低温炉"每天都要向空气中散发热量。据测量，一个体重 50 千克的人一昼夜所散发的热量约为 10425 千焦，这些热量若收集起来，可以将 50 千克的水从 0 摄氏度加热到 50 摄氏度。能源专家利用人体的热能制成温差电池，就可以将人体的热能转换成电能。这种温差电池做得相当小，可以放在衣服口袋里，它发出的电能可以为助听器、微型收音机、袖珍电视机、微型发报机和其他微型电器供电。

36　乘风破浪去远航

——古人对风力的利用

风力是一种天赐良"源"。早在公元前 2800 年，埃及人就开始用风

帆协助奴隶们划桨。我国至少在 2000 多年前就会利用风力代替人力，驱动帆船在水面上加速航行。以后人类利用风力的技术也越来越高，并出现了一些有趣的故事。

公元 977～983 年，我国出版了一本叫《太平御览》的书，书中就记载了这样一个故事：古时候有个叫赵柄的人，有一天到海边要求搭船过海。预约时间已到，船上的人等着开航，但赵柄却迟迟未到，大家等得不耐烦，对他意见很大。姗姗来迟的赵柄自知有错，只好闷不作声接受旁人的白眼。这时忽然风向发生变化，海浪很大，船只行进很不顺畅，速度很慢，乘船人不免焦急起来。却见赵柄霍地站起身来，取出一张布幔，张挂起来当做风帆，赵柄调整布幔的迎风角度，船只竟乘风破浪，加速行进起来。全船的人顿时转怒为喜，钦佩赵柄高超的驾帆使风技术。

到宋代时，人们已积累了许多利用风力的驾船技术。不管风是从船的侧面还是迎面吹来，都能驾帆前进，即使遇到顶头风也有利用风力的办法，迎风向预定的地点行进。

明代著名航海家郑和，从公元 1405～1433 年，曾七次率领庞大的船队到过东南亚、印度洋、红海、非洲等 30 多个国家和地区，规模最大的一次是由 2.7 万多人、200 多艘船舶组成的船队。郑和七下西洋的成功，除他的高超的航海知识外，善于利用风力也是一个重要因素。只要查一查郑和七下西洋的时间表就知道，他乘船出发的时间，除第三次是在 10 月，第六次在春季外，其他五次全是选在冬季出发，而归国时间，除一次在 10 月外，其余六次都在夏季。郑和选定的航海时间，不是出于偶然，而是

著名航海家郑和

具有丰富的气象经验的结果。因为我国东部沿海冬季多吹西北风和东北风，出海船舶沿海岸南下，正好顺风直到南海，穿过马六甲海峡进入印度洋；在夏季则多刮西南风，因此在此时回航又是顺风。郑和正是巧妙地利用了不同季节的风力为航船作动力。

但是，在一个季节的不同时间，由于具体地区气候的影响，有时风向也变化无常，并不按人需要的方向"吹风"。于是，郑和船队采用了开"顶风船"的办法。这种办法是让船上的风帆与风向成一定的角度，"抢风"行驶一段时间之后，将船转到另一舷侧承受风力，再抢风行驶大致相同的时间，又转到原来的舷侧承受风力抢风行驶，两侧交替更换，使船呈"之"字形曲折前进。

为了充分利用风力，提高船只的航行速度，我国很早就发明了多桅多帆船。早在公元前 3 世纪的三国时代，就有了七帆船，帆可以转动，以适应各种风向，充分利用风力。后来，驾船人发现，风帆越高，受的风力就越大，于是在大帆的上角再加小帆。《天工开物》这本书也记载："凡风篷之力，其末一叶，敌其本三叶。"意思是说，最上面的一张顶帆所受的风力，可以抵得上下面的三张帆所受的风力。

至于在陆地上利用风力，比在江河湖泊和海洋中要晚，这是因为，制造利用风力的风车要比制造风帆困难，但我国至少有 1700 多年的风车利用历史。在辽阳三道壕出土的东汉晚期汉墓壁画上绘有风力车，这可以作为我国东汉时已有风力车的证明。到明代，开始出现风力水车，它利用风力驱动水车灌溉农田。以后又出现风磨等风力机械，用来加工农副产品。

这一切，都是人们对风力这一大自然提供的能源进行巧妙的利用。

37 给牧民带来现代文明

——风力发电机

在我国北部，有一个总面积达 118 万平方千米的内蒙古自治区，其中草原的面积占 40％ 左右。在这个广阔的草原上，居住着约 150 万牧民，但平均每平方千米只有 3～5 人。居民分散，又经常带着帐篷（蒙古包）迁移，还饱尝风沙侵袭的痛苦。当城乡人民在舒适的房间内享受着现代文明的欢乐时，草原上的夜晚却是一片漆黑和寂静，蒙古包内没有电灯，只有阴暗的油灯或蜡烛相伴。牧民即使家财万贯，但没有电，也欣赏不到电视台提供的娱乐节目。在狂风怒吼的夜晚，只能早早钻进蒙古包里睡大觉。

风！何不利用风力来发电呢？这个想法一下子吸引了内蒙古自治区的领导们。现在，内蒙古的几十万牧民已可以坐在蒙古包里看电视，因为这些牧民已经有了一种风力发电机，可以利用风力发电机发出的电力来收看电视、收听广播。风力发电还给牧区的年轻小伙子和姑娘谈恋爱、结婚增添了新的内容。在有些牧区，新娘出嫁之前，首先要问新郎是不是准备好了风力发电机，如果缺少这件宝贝，有可能未婚妻会飞掉。因此风力发电机成了牧区一部分青年男女爱情的黏结剂。

为了使牧区的所有牧民都能过上有电的生活，使所有的有情人终成眷属，内蒙古自治区政府从 1984 年起就制订了一个利用风能的"马拉松"计划，准备每年在草原上建造万台以上的风力发电机。现在内蒙古草原至少已竖起了十多万台风力发电机，占全国风力发电机的 80％ 以上。

风力发电机是靠风能发电的，而草原上风能最丰富，因为那里经常

大风四起，飞沙走石。我们的祖先早就会利用风能，农村的手摇风车可以把结实的谷粒和干瘪的谷壳分开来，就是利用了风力。

据埃及的史料记载，公元前约2800年，埃及人就开始用风帆协助奴隶们划桨，后来又利用风帆帮助役畜提水和推磨碾米。据波斯人的史料记载，公元前几世纪时，波斯人建造了一种垂直转轴的方格形风车，用来带动磨谷子的石磨。

欧洲中世纪的风车

自从出现发电机后，有人开始设法用风力来驱动发电机发电，但只是到了20世纪初才开始出现风力发电机。美国从20世纪30年代开始，制造了许多1000千瓦功率的风力发电机。此后，风力发电机的利用并不广泛，原因是一些工业发达国家有便宜的矿物燃料可以用来发电。到70年代，当世界发生了几次石油短缺的危机以后，人们才又想起存在于大自然的、资源丰富的、十分洁净的风能。

38　风力发电惹出官司

——噪声污染与电信号干扰

在1994年上半年，英国的一些报纸上开展了一场有关风力发电的

争论，时间持续了好几个月，争论的焦点是要不要发展风力发电。过去普遍的看法认为，风力发电是无污染的绿色能源，但是自从英国1990年正式建成第一座风力发电站后，却引出了一场官司。

英国是从20世纪80年代开始发展风力发电的，至今已建立了20多个风力发电场。其中在兰迪南建立的风力发电场，有103台风力涡轮发电机，分布在约4平方千米的高地上，组成了一个发电能力达30.9兆瓦的风力发电站。

但风力发电站正式发电后，生活在波依斯郡山谷"风力盲区"（即风力几乎没有的地方）的居民克里斯、洛德、史密斯向当地的议会状告开发这家风力发电场的埃科金公司，指控距兰迪南1.5千米的风力发电场机器的嗡嗡声使他们日夜不得安宁，构成了严重的噪声污染。

此后不久，伦敦东部有680人向法院起诉，控告附近的风力发电场高耸的涡轮机严重干扰了他们接收从加那利沃夫电视塔发出的电视信号，使电视图像出现重影和闪跳现象。1994年9月，法院经过调查后裁决，这680人有权到法院申请得到风力发电场的赔偿。因为调查证明，由于风力涡轮机叶片对电视信号的反射引起干扰，使这些电视观众受到损失。

这起事件经报刊披露后，在英国引起了要不要发

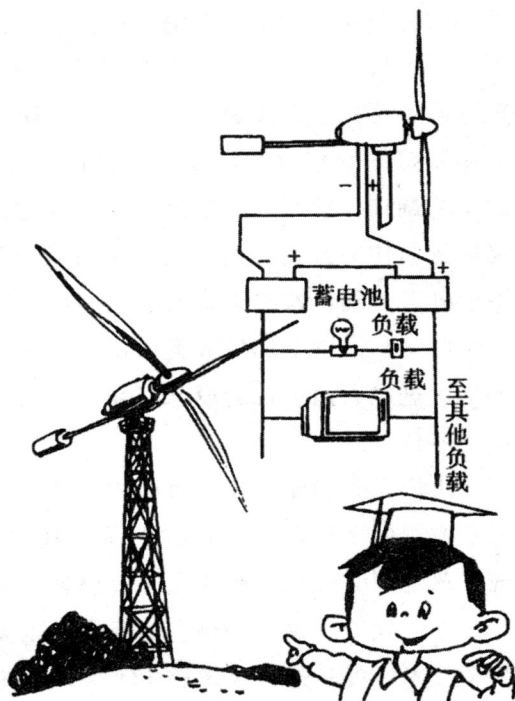

风力发电

展风力发电的争论。一种意见认为，如果到处建立风力发电场，所有的英国居民就将陷入无休止的噪声骚扰中，而且电视观众就会倒霉，只能看重影、闪跳的电视图像；再有，成群的数十米高的风力涡轮发电机还会破坏英国高原旷野和优雅田园的美丽风光，在天空飞翔的鸟类也会遭到伤害。但支持风力发电的人则认为，风力是石油和煤的良好替代能源之一，利用风力发电，不会像燃烧矿物燃料一样产生污染大气的二氧化碳、二氧化硫和氮氧化合物等有害气体，也不会像核燃料那样产生放射性废物。他们认为，批评风力发电的言论，其合理部分当然应当接受，但夸大其词就会令人感到无所适从。

两种观点引起了唇枪舌战，应该说这种争论是非常有益的，它给人们很多启示。比如受到控告的埃科金公司一开始成为被告，感到非常意外。因为在风力发电场发电之前，他们认为风力发电会是"无声发电"，不会出现噪声干扰，涡轮机的噪声会被风力本身产生的背景噪声所掩盖。但事情并不像预想的那么简单。埃科金公司在受到控告后，公司负责人蒂姆·阿尔比与环境卫生官员一起到原告史密斯的住宅进行了17次现场调查。蒂姆·阿尔比虽然不认为涡轮机构成了噪声公害，但承认离史密斯住宅最近的涡轮机"声音较响"，并派人将支撑涡轮机的金属塔的外环卡加以修整以减弱它们产生的噪声。他们还发现，风力发电机产生的噪声能被金属塔放大，这种反常噪声的刺激特别令人烦恼。他们准备改进风力涡轮机的设计，并设法用其他技术取代齿轮箱这类产生噪声的零件。

再说风力涡轮机叶片对电磁信号产生的干扰，也是需要加以研究而逐步改善的实际问题。这样的争论还告诉我们，任何一个新事物的出现，总会同时带来一些事先未曾想到或估计到的新问题、新矛盾，而科学技术的发展，最终会将它们一一加以完善或加以解决。人类的社会和科学技术，就是这样在矛盾中不断发展进步的。

39 前车之鉴，后事之师

——风力发电官司引出的思考

一场风力发电引出的官司，使风力发电进一步受到人们的注意，并促进了其他科学领域的发展。比如，为了解决风力涡轮机对电视信号的干扰问题，英国广播公司建立了计算机模型，模拟多台风力涡轮机对电视接收信号的影响。他们证实了风力涡轮机的叶片确实对电视信号有干扰，而且比来自高大建筑物产生的干扰更大。

在英国，许多地方的电视接收是依靠中继站，中继站接收来自50个主发射机的信号，然后以不同的频率转播给观众。转播路线长达70千米，中途掠过好几座山峰，只要沿途有一个风力发电场，电视信号就会受到干扰。

目前还没有找到解决这个问题的办法。环境保护部门建议地方管理当局在批准建立风力发电场时，要考虑干扰电视信号这个"危险"因素，至少要求风力发电场要避开电视转播路线。

鸟类学家对风力发电场的争论也很感兴趣。英国鸟类保护皇家协会在了解到有可能在安格尔西郡的林阿劳建立风力发电场时，就开始监测疣鼻天鹅在迁移时是否经过这一地区。如果得到确切的资料，就可能提出异议，反对在这里建立风力发电场，以确保这种珍禽的安全。

据美国加利福尼亚州的研究人员在1989～1991年的调查，风力发电场选择不当，将对鸟类造成伤害。他们发现，在加州阿尔塔蒙特帕斯风力发电场地区找到的162具鸟尸中，大多数是被风力涡轮机叶片撞死的，其中有受保护的珍贵鸟类金鹰，还有120只包括红尾鹰、茶隼等在

内的捕食鼠类的益鸟。在西班牙沿海南岸的塔里法，有一个拥有 269 台涡轮机的风力发电场，它紧靠直布罗陀海峡，是鸟类来往于非洲和欧洲之间迁移的必经之地。当地的自然保护小组在这里发现了 13 种鸟类的尸体，全都是受保护的鸟类，且大多数是捕食鼠类的益鸟。西班牙鸟类学会正在进行调查，以确定有多少鸟死于风力涡轮机的伤害。

风力发电在英国引起的风波，值得风力资源丰富的国家重视。我国非常重视发展风力能源，有资料报道，我国可开发的风能约 260 吉瓦。到 1990 年时，我国小型风力发电机已达 11 万台（功率大都为 50～100 瓦），主要是为内蒙古居住分散的草原牧民提供家用电源。这种小型风力发电机的数量每年还在增加。此外，我国还建成了一些中小型风力发电场，总装机容量达 2 万千瓦以上。由于这些风力发电场大多建立在边远地区，在英国出现的问题目前在我国还没有出现。但将来大规模发展风力发电，出现在英国的问题无疑是前车之鉴。

比如，在英国，已在考虑新的风力发电方案，准备在海洋中发展风力发电，以解决陆地风力发电场引起的噪声干扰，影响电视信号和破坏田园风光等问题，而且海上的风力比陆地上的风力更强劲和稳定。现在英国已经成功地设计出海上风力发电机。

40　目光转向海洋

——海上风力发电

在海洋上，平均每年要生成 80～100 次台风，台风一旦生成，就是一个巨大的能源库。据气象学家计算，一个来自海洋的直径 800 千米的台风，其中蕴藏的能量达 7.35 亿亿千瓦；台风中水汽凝结时释放的热

能，相当于 50 万颗 1945 年广岛爆炸的原子弹的能量，因此台风有"超级氢弹"之称。

据科学家计算，如果能把台风中 3％ 的热能转化成电能，就能得到相当于 176 万个 12.5 万千瓦的火力发电厂的发电量。只可惜，到目前为止，还没有找到利用台风中巨大能量的有效办法。

但海洋中除破坏力极强的台风外，还有更多的风力较小的微风、和风，它们也蕴藏着可观的能量。这些海上风力对沿海的渔民是一种天赐良"源"，在微风吹拂的海面，渔船张开风帆，每小时可顺风航行 6～7 千米。当风力达到能吹起地面的灰尘和纸张时，渔民完全可以依靠风力控制航速而不需要消耗船上的动力。

20 世纪 70 年代，世界发生石油危机后，能源科学家开始重视利用风力发电，但那时的注意力是放在如何利用陆地上的风能上，对利用海上风力则望而却步，因为大多数能源专家认为利用海上风力发电难度太大，成本太高。

但事情是千变万化的，自从英国在陆地上建立风力发电场引起一场官司之后，环境学家也认为在陆地上大量发展风力发电有不少弊病。这使一批从事海洋能源开发的工程师们暗暗高兴，因为这种批评对他们倒是件好事，他们早就想利用海上的风力发电，但一直缺少资金

太阳能风力发电

的援助。现在陆地上的风力发电受到环境学家的非议，发展海上风力发电就有了机会。

于是，他们抓住这个机会开展了宣传攻势，争取企业和政府的支

持，并积极开展解决海上风力发电中的技术难题的研究。英国伦敦一家海上工程公司在米德尔斯特丁顿地区的一个船模试验池内，模拟海上的条件，设计了一个小型的风力涡轮机，目的是在今后向海洋上推广。1994 年 4 月，海上风力发电机的模型机终于研制成功。

实现海上风力发电，首先要能在海上建立风力发电场，并能经受住海上台风可能对风力涡轮发电机的破坏并保持稳定。工程师们经过研究，采用一个空心混凝土制成的稳定浮体平台，在浮体平台上固定一个高度约为 3 米的风力涡轮机。这个漂浮的平台绳索系在许多锚上，即使在飓风中，风力涡轮机也能保持稳定；而用来系锚的绳索是利用高强度耐海水腐蚀的树脂材料制成的。此外，有一根海底电缆，能把风力涡轮机发出的电力送到岸上，和陆地的公用电网相连。

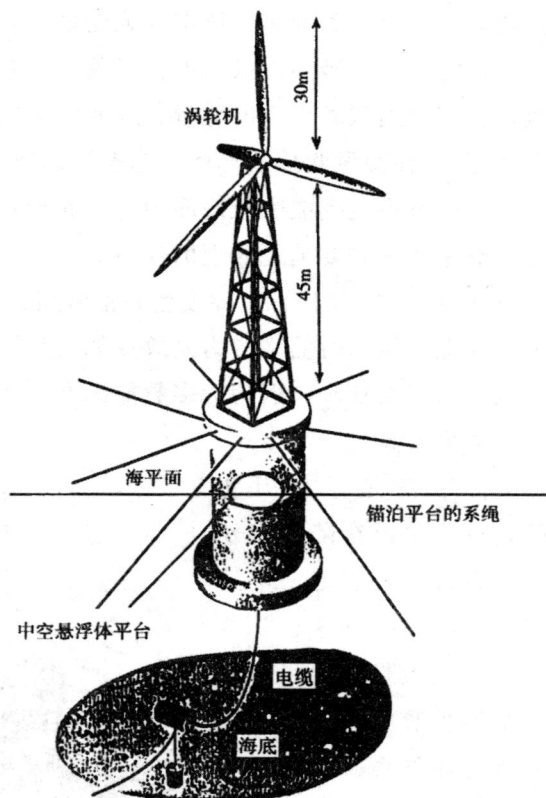

涡轮机

30m

45m

海平面

锚泊平台的系绳

中空悬浮体平台

电缆

海底

设计中的风力发电机

这个试验模型的实验已在 1994 年 4 月完成，证明海上风力发电的设计是成功的。海上风力发电产生的噪声对岸上产生的不良影响微不足道，和咆哮的海洋相比，这种噪声可忽略不计，也不会对电视转播造成干扰。

现在，伦敦海上工程公司的船舶设计师恩·托恩正领导一个国际性

的财团进行风力发电的第二阶段计划，以使海上风力发电进入商业经营。这台风力涡轮机有 45 米高，可以产生 1.4 兆瓦的电力。

41　空中楼阁建电站

——高空风力发电

现在有许多种发电方法，比如水力发电、火力发电、原子能发电、风力发电等等，它们都要建立大大小小的发电站，并且这些发电站可都是"脚踏实地"的，还要打上牢固的地基。还很少听到过要在离地面 10 千米的天空悬空修建发电站的。

可是，现在有的科学家不仅提出要在天空建造风力发电站，还设计出了可以实现这个目标的蓝图，这似乎有些不可思议。这些科学家是在胡思乱想吗？当然不是，但他们为什么会有这种古怪的想法呢？

人类很早就知道利用风力，比如在船上挂上一面布帆，就可借用风力远航；利用风车，可以水车推磨；近年来，又大力开发风力发电。但至今为止，地面上的风老是有些"不听使唤"，"喜怒无常"。比如你正需要用电时，它慢悠悠不怎么动弹，使风力发电机开动不起来；而夜晚你不怎么需要用电时，它却又疯狂地刮得天昏地暗。能不能有常吹不息而又强劲有力的大风为我们发电呢？

不久前，俄罗斯的一个科学家小组为寻找这种理想的风力，在地球的大气层中进行了广泛的调查。他们发现，在距地面 10～12 千米的高空中，有一个空气对流层，对流层中的风速达每秒 25～30 米，相当于地面上的 10 级狂风，而且稳定不变。这里的风力资源简直是用之不尽，但是迄今为止还无人利用。

这些科学家们就设想，能不能在天上建立一个风力发电站，利用这里无穷的风力呢？你或许会问，在 10 多千米的天空建造发电站，不成了空中楼阁了吗？还真让你说对了，这种发电站还真是空中楼阁式的东西，但它不会掉下来。

怎样才能让空中电站不掉下来呢？科学家们设计了一个用现代技术完全可以做到的方案。他们准备把一个重量约 30 吨的巨型发电机组用庞大的氦气球或气艇升高到离地面 10～12 千米的高空，放在狂风大作的对流层中，然后采用超高强度的绳索将气球和风力发电机连在一起，而氦气球则用绳索固定在地面上。

风力发电机发出的电力通过导线传到地面上，地面上安装有大功率的变压器和操作控制设备。这些科学家计算，用高空风力发电站得到的电力，成本比现有电站的要低得多，大概只有现有电站发电成本的五分之一到六分之一。

高空风力发电站的蓝图虽然设计出来了，但真要建成这种电站可不是一件轻而易举的事，人们必须解决一系列技术难题，比如气球漏气后怎样修理……但科学家们很乐观，预计到 21 世纪初，这种电站会将高空的能源送到地面。

42　护卫舰上挂起风帆

——借助风力节省燃料

1995 年 3 月，在阿联酋的一个防卫展览会上，英国朴次茅斯的沃斯珀·桑尼克罗夫特造船公司展出了一艘 1500 吨的奇特的护卫舰模型。这艘军舰有三个很狭窄的船体，在中间的那个船体上，高高挂起一面巨

大的风帆，比一般的渔船上挂的风帆还大得多。

在现代化的军舰上挂风帆，目前可以说是独一无二的。军舰上挂风帆有什么用呢？这家造船公司的技术指导罗伯特·莫利甘得意地说，有了这面风帆，就可以大量节省燃料，在达到相同速度的情况下，挂有风帆的护卫舰比传统的不挂风帆的船只所消耗的燃料要少50％。

三体帆船这种船体设计，过去在不装发动机的古代航海船中曾广泛使用，以24小时的航行计算，其速度曾保持着无动力船只的世界纪录。但在后来装有发动机的船上，这种设计就很少有人感兴趣，因此这艘奇特的挂风帆的军舰在展览会上格外引人注目。

这艘三体帆船有一个细长的中心船体，这样在水中航行时，比宽体船身的阻力要小得多，这样就大大减少了推进它所需的动力。你一定见过奥林匹克运动会上的划艇比赛吧，运动员座下的划艇都像梭子一样窄长，因此阻力小。比赛时，如果运动员使的力气一样，那么阻力小的赛艇肯定是第一个冲到终点夺得冠军。

三体帆船的两个外船体同样狭窄，它们通过十字甲板和中心船体相连。这样，整个船只在水中就十分稳定，风浪再大也不易翻船。罗伯特说，三体帆船尽管比宽体船狭窄，但可供使用的面积却并不小，原因是它上面的两个十字甲板提供的使用面积相当可观，在上面可以建房间装武器和其他装备。沃斯珀·桑尼克罗夫特造船公司计划生产的三体帆船总宽达18米，而类似吨位的宽体船最大宽度才11.5米。

三体帆船较宽的甲板甚至可以使舰上的直升机放在离船中心更远的边缘位置，即使在波涛汹涌的海面上照样可以作业。当然这种船也有缺点，当在港口停泊或进船坞修理时，需要寻找较大的锚泊位置和较大的船坞。

但三体帆船仅靠风帆是不能用作军舰的，因为风力毕竟受天气的影响。如果作战时正好无风，那岂不会误了军机大事？因此，三体帆船也要安装发动机以提供动力。发动机当然是装在中心船体上，这样两侧的船体能为中央的动力装置提供保护。作战时，如果敌方的导弹从两侧飞

来，即使能命中目标，首先也是击中两侧的船体，军舰的心脏部分就得到了保护。

三体帆船良好的稳定性还带来另一个优点。坐船的人都有体会，如果上面的人和货物分布不均匀，偏向一边，就容易翻船。因此船上通常装有压载物，以便在船只发生偏斜时，用压载物调整船只的平衡。而三体帆船的两侧船体几乎天然地能起平衡作用，从而简化了压载物的调整过程。英国的这种三体帆船护卫舰估计到 2000 年可以正式下水服役。

43　油桶中坐"土飞机"

——风力的恶作剧

风力给人类作出过巨大的贡献，它不仅为我们提供了洁净的动力，而且还有许多其他功能。植物繁殖靠风力传播花粉，污染的大气靠风力吹散稀释。如果空气是"一潭死水"，许多生物便会无法生存。例如，1952 年 12 月 5～8 日，伦敦近地面的大气处于无风状态，大量工厂排放的煤烟粉尘等污染物在低空积聚不散，造成 4000 多人死亡，许多人身染疾病。可见无风是多么可怕。

可是，并不是所有的风力都造福于人，尤其是飓风发作起来，对社会和人类的摧残可以说也是登峰造极的。根据有据可查的资料，全世界范围内，一次就造成死亡 5000 人以上的飓风，至少发生过 20 次，其中有 7 次，每次造成的死亡人数超过 10 万人。

除给人造成可怕的灾难之外，飓风还制造过不少让人有惊无险的恶作剧。例如，1956 年 9 月 24 日，飓风中一种称为龙卷风的怪风袭击上海市，竟把一个 11 万千克重、三四层楼高的空油桶举到空中，扔到

120 米外的地方，当时桶内还有一个维修工在进行修理工作，他坐了一次"土飞机"，所幸当巨大的油桶落到地面时，维修工只受了点轻伤。

1992 年 10 月 24 日，中央电视台正大综艺的防灾减灾特别节目中，一位叫刘兰芳的上海妇女到电视台现场向观众讲述了她 1988 年被龙卷风卷到空中，抛到 500 米之外的棉花地里却安然无恙的离奇经历。有时，龙卷风还会给人开一些令人哭笑不得的玩笑。

元代一位叫郝经的大官写过一本叫《陵川集》的书，其中记载了一件由龙卷风搞出的婚姻故事。说的是一位姓吴的女子被风卷到 30 千米以外的地方，因找不到家，就就地取"才"嫁了人，这位丈夫后来竟成了大官。

清代乾隆年间，一位叫彭牧的人在江宁县当县令。一天，本县一位"子民"李秀才忽然到县衙告状，指控他儿媳韩某不尊妇道，与人通奸，"确凿的证据"是，该妇在 5 月 10 日这天一夜未归。韩妇申诉她并无不轨行为，而是 5 月 10 日这天，她突然被狂风卷到离县城几十千米之外的铜井村，因天黑找不到家，只得在那里借宿一夜，第二天被铜井村居民送回李家，决无通奸之事。但李秀才不信风会有如此神威，一口咬定儿媳编造谎言为自己开脱，非要县衙治罪不可。

所幸这位县令是个明白人，颇知龙卷风的恶作剧。他找出《陵川集》，把那上面记载的元代发生过这种卷走妇女的"奇风"异事，让李秀才看，这才消除了他对儿媳的怀疑。

其实，飓风虽有害人的罪行，但也有济世的功德。因为飓风过后必有暴雨。飓风一刮，大雨必到，我国珠江三角洲、两湖盆地和东北平原的干旱就能解除，水库的水就能蓄满。因此科学家认为，对飓风的功过要公正评价。

至于形成飓风的巨大能量，虽然目前人们还没有找到加以控制和利用的办法，然而，既然这种能量确实存在，科学家是不会白白放过它们的，总有一天科学家会找到利用它们的办法。

44　阳光烧毁战舰

——古人利用太阳能的故事

　　我们的祖先早就知道利用太阳能，并流传着许多利用太阳能的故事。比如，我国《周礼》这本古书中就记载，早在公元前11世纪至公元前771年的西周时期，就已设有专门用青铜镜从太阳取火的人。《周礼》中有一句话叫"司煊氏掌夫燧取火于日"，"司煊氏"的意思就是管理火的人，"夫燧"也叫"阳燧"，是古代取火的器具，用青铜铸造而成，然后磨成呈凹形的球面镜，能让阳光反射后聚焦在一个焦点上。管理火的人把"夫

司煊氏阳燧取火

燧"对着太阳，让聚焦后的阳光再对着干燥的柴草、木柴等易燃物，就能将其点燃。

　　外国也早就有人会利用太阳光的热能。在古希腊有一个有趣的传说，说公元前214年，古罗马帝国派舰队攻打地中海西西里岛东部的西拉修斯，岛上人奋起反抗，正好当时著名的希腊学者阿基米德也在岛上。"老阿"虽无高强武艺，却有一个聪明的头脑。他懂得太阳的威力，于是发动岛上的妇女每人手拿一面磨得锃光瓦亮的金属镜对着太阳，并一起把阳光反射到入侵的罗马舰队上，终于使舰船起火，罗马人大败而归。

　　对我国西周的记载已无争论，因为是"白纸黑字"有文字记载，但

对阿基米德利用太阳能烧毁敌舰的传说，后来有不少人提出怀疑，并促使许多科学家决定验证这一传说的正确性。例如，法国哲学家布丰为了证实阿基米德是否有可能利用阳光摧毁敌舰，在 1747 年做了一次有趣的试验。

这一年他在实验场搭起一个大架子，架子上挂着许多面能把太阳光反射到一个聚焦点的镀银玻璃镜，然后调整玻璃镜的数目和焦点，最后，他决定在距着火点 77 米处的架子上装 154 面反射镜，在着火点摆上木炭和硫黄等易燃物。当 154 面镜子把阳光集中到易燃物上时，果然烧起熊熊火焰。后来，他又制造了一个直径为 1.17 米的凹面抛物镜，也点燃了远处的木块。证明阳光的确可以点燃古代的木制船舶。

但和布丰同时代的一些人认为，他的实验作为一种科学玩具是相当成功的，而想用这种方法烧毁可以移动的船只，则只不过是一种美妙的传说而已，实际上是不可能的。

1776 年，法国化学家拉瓦锡也进行了一次有趣的实验。他将金刚石罩在一个密封的玻璃钟罩里，然后让阳光通过两个透镜聚焦在钟罩里的金刚石上，金刚石一会儿就被烧得"无影无踪"，其实，这是金刚石在阳光的高温作用下，在玻璃钟罩内燃烧为二氧化碳气体。拉瓦锡的这一实验，为后人建立熔化难熔金属的太阳能炉奠定了理论和实践基础。

但是，利用太阳光打败入侵之敌的故事，毕竟极具传奇色彩，因此到 1973 年，希腊科学家沙克斯决心再次亲自试验。他认为阿基米德当时指挥战士们使用的聚光镜，不是人们一般概念中妇女们用的梳妆镜，而是战士手中持的金属盾牌。只要将它们反过来用，就成为面积

拉瓦锡用凸透镜聚焦阳光燃烧了金刚石

很大的凹面镜，而且当时的金属盾牌都磨制得十分光滑，保持着金光锃亮，反光的能力很强，每面盾牌都有可能将阳光聚成很强烈的光束。在希腊海军的支持下，沙克斯模仿传说中阿基米德使用的方法，制造了70面金属盾牌，每面有 2～3 平方米那么大的面积，也打磨得金光锃亮，将它们反转过来，很自然地就成为一面面巨大的凹面镜。再把各面凹面镜反射出来的阳光束聚集在 50 米远的一艘 45 米长的木船上，果然不大一会儿，这艘模仿古罗马战船的木船，就着起火来了。

45 阿基米德对现代人的启示

——太阳能发电站

从希腊科学家沙克斯的试验可以看出，传说的 2000 多年前阿基米德巧妙利用太阳能打败入侵之敌的故事，影响是多么深远，尤其是对西西里岛人更是不同一般。2000 多年过去了，传说中的故事，竟对现代人利用太阳能提供了直接的启发。

原来，西西里岛是地中海最大的岛屿，也是很大的港口。这里物产丰富，又位于欧洲和非洲两个大陆之间，是具有重要战略意义的地方。但它缺乏一般意义上的能源，几乎不出产石油和煤炭，可是却拥有充足的阳光。

西西里岛的科学家们想，既然阿基米德在 2000 多年前就能利用太阳能，为什么现代人不能利用太阳能解决能源缺乏的燃眉之急呢？于是，西西里岛卡塔尼亚省政府决定在阿德诺镇上建立一个太阳能发电站。

这个计划受到了欧洲共同体 9 个成员国的支持，共同出资进行建

西西里岛的太阳能发电站

造，并在 1979 年正式动工，至 1980 年 12 月完成。这个太阳能发电站实际上是一座摆满了镜子的巨大的广场，共有 180 面特大的玻璃反射镜，镜面的总面积共有 6200 多平方米。镜面的角度用电子计算机控制和调整，使它们反射出去的阳光都集中到矗立在对面的中央塔上。中央塔有 55 米高，顶上装备有锅炉和阳光接收器。接收器接收到的阳光热将锅炉内的水加热，最高温度可达到 500 摄氏度，最大压力可达到 6485 千帕。这样的高温高压蒸汽完全可以推动涡轮机发电。这座发电站的发电能力达 1000 千瓦，在当时，这可算得上是规模最大的太阳能发电站之一了。

广场上 180 面特大的反射镜使人不能不想起阿基米德当年摆下镜子打败敌船的阵势！怪不得主要负责这项工程的工程师格雷茨很坦率地说："这项工作就是根据当年阿基米德的著名战争故事设计的。只不过今天我们采用了先进的方法来重复这一工程，并且使它应用于完全不同

的目的。"

　　自那以后，太阳能发电站的建设就一发而不可收，其规模和发电能力也在迅猛扩大提高。比如在美国，离洛杉矶市 225 千米远的莫赫夫沙漠地区，能源严重不足，交通也不便利，但阳光充足。为了解决这里能源短缺的问题，美国从 1983 年 10 月到 1984 年 12 月，在该地区建成第一个大型太阳能发电站，发电功率可达 13800 千瓦，收集阳光的抛物面形聚光器的面积达 71700 平方米。到 1988 年 12 月止，在这里共建成了 7 套太阳能发电系统，总发电功率达 20 万千瓦。

　　1990 年，美国的卢兹工程公司又在洛杉矶东北方向的莫哈韦沙漠上建造了一座更大的太阳能发电厂。该电厂在 852 个太阳能收集器上安装了 19 万多片反射镜，将水煮沸驱动涡轮机发电。卢兹工程公司到 1995 年已建成十来个太阳能发电厂，为加利福尼亚提供了 600 兆瓦的电力，供 80 万居民和商业单位使用。

　　1986 年，苏联在克里米亚建立了一个 5000 千瓦的太阳能发电厂。乌兹别克的卡拉库姆在 1988 年建成了一座 30 万千瓦的大型太阳能发电厂，该电厂用 7200 块大型反射镜将收集到的阳光射向 200 米高的塔顶锅炉，将锅炉中的水加热成蒸汽驱动涡轮机发电。

46　"高斯号"开出冰海

——"黑色"材料建奇功

　　黑色，有时不太讨人喜欢，因为它常常含有让人倒霉的意思，比如，你"别往我脸上抹黑"，祸害人的"黑社会"、"黑手党"、"黑色星期三"等名词都带有一个"黑"字。其实黑色的东西，不一定全是坏东

西，黑东西有时还大有用处。不信，先给你讲一个"黑东西"大建功勋的故事。

每年的夏季，在南极这地方气温虽然有所升高，有利于探险家到那里去考察，但如果遇到暴风雪，南极仍然会出现冰天雪地。1903年，有一艘叫"高斯号"的外国考察船到南极进行探险考察。谁知船刚到南极，就遇上了一场暴风雪，结果考察船被冰冻在茫茫的冰原中动弹不得。

这可急坏了船长和船员们，因为船上的给养有限，如果长期被困在冰海中，无异于等死。刚开始，船员们用炸药炸、用大锤砸，但都无济于事，真有点"蚍蜉撼大树"的景象。过了好多天，困境依然如故，该想的办法都想过了，船还是镶嵌在冰层中像一只落入陷阱的困兽。大风雪过后，南极开始放晴。突然一名船员灵机一动，原来他穿着一件黑衣服，经太阳一晒，觉得全身暖洋洋的。他立即向船长建议，把船上的煤屑和黑炭灰沿船的两侧和船头铺在冰面上，让太阳光使黑煤屑变暖，融化冰块。

这一招果然奏效。于是船员们全体动员，把船上的煤屑和锅炉烟筒里的黑灰全搜集起来，倒在船两侧的冰面上，铺成一条2千米长、10米宽的黑色带。经过太阳光连日的照射，船侧盖有黑色煤屑的冰带终于融化，考察船沿着融化的水路开出，终于脱离了险境。这是一个利用黑色物质聚集太阳能建立奇功的真实故事。

其实，这里面的道理一点儿不复杂，夏天穿黑衣服的人都有体会，你只要穿上黑衣服在太阳下站一会儿，就会觉得燥热难忍。原来黑色的东西吸收热量的本事最大，它不反射阳光，能将太阳光热量大量吸收进去；而白色的东西正好相反，能将投射来的太阳光大量反射出来，因此人们夏天都喜欢穿白色或淡颜色的衣服，觉得凉快。

在美国佐治亚州，驻扎了一支6500人的美国陆军工程部队，这些人每天劳动量很大，天天要出一身臭汗，因此洗澡就成了不可少的生活内容。但要洗热水澡，就要烧煤或石油，别看美国很富，却也舍不得花

许多钱来盖这个庞大的用锅炉烧热水的浴室。于是黑色就被利用来作为加热水的能源。方法是这样的：

他们在露天建造了一个长 60 米、宽近 4.7 米、高 46 厘米的水池，水池底面先铺上一层 3.8 厘米厚的玻璃发泡隔热材料，再铺上细沙，然后用黑塑胶做成水床，里面灌进约 9 厘米深的水，最后在水池上盖上用高分子强化玻璃做成的波浪形盖板。阳光透过玻璃板和水照射到黑色塑胶做成的水床上，由于黑色能充分吸收阳光，可以把水池中的水加热到60～70 摄氏度，成为一个理想的热水池。把热水池中的水引到淋浴或盆浴洗澡间，就可以痛痛快快洗热水澡了。

由于利用了太阳能，这个热水池每年可以节省 11300 桶石油。而太阳能所以能获得利用，主要就靠铺在水池底面的黑色塑胶。利用黑色吸收太阳能的特性，人们建造了许多太阳能热水器，用来加热水。你只要留心，当经过有太阳能热水器的地方，就会发现在这些太阳能热水器的里面呈现出一片黑色。

47 不是"科学玩具"

——太阳能抽水泵

16～17 世纪是欧洲工业大发展时期，需要大量的能源和动力，这一时期农业的发展也需要用其他动力来代替人力和畜力。像工业上排除矿井中的坑道积水和农业生产中的抽水灌溉，就有人开始考虑利用太阳能了。抽水怎么能利用太阳能呢？科学家们自有办法。

1615 年，一位叫德斯科的法国工程师就发明了第一台利用太阳能作动力的抽水泵。但这种抽水泵即使在晴天也不能连续抽水，没有什么

实用价值。后来，另一位法国工程师贝利多尔（1697～1761年）经过精心设计，终于制成了一种可以连续抽水的太阳能抽水泵。

他设计的抽水泵主体是一个空心圆球和与水源相连的管子。抽水之前，先把水注入到抽水泵的空心球内，水面的高度要求达到球顶的AB平面，这样，只要是有阳光的晴天，抽水泵就能抽水了。你也许奇怪，为什么这样子就能抽水了呢？原来，白天时，太阳光把空心圆球内顶部的空气给加热了，于是空气就膨胀使压力增加，水便通过上面的单向阀门（水只出不进）流到上面的储水槽（或其他地方，如农田等）；到夜间，阳光没有了，气温下降，空心球内的空气冷却后体积收缩，压力就下降到大气压力以下，于是，水源中的水就通过圆球（泵）下方的另一个单向阀门（水只进不出）抽到了空心球内。到第二天太阳出来时，又循环上述的抽水过程。

贝利多尔设计的太阳能抽水泵，构思巧妙，因此可以自动连续抽水。但太阳能抽水泵也有一个致命的缺点，它只能在有阳光的晴天工作，遇上阴雨天，它就会"休息"，所以用起来还是不方便。加上后来出现了蒸汽机作动力的抽水机，太阳能抽水泵被挤出了市场，一度也变成了"科学玩具"似的机械。

但自20世纪70年代发生石油危机后，太阳能抽水泵又开始兴盛起来。一是太阳能可以代替一部分石油作动力，二是可以减少环境污染。因为燃烧柴油和汽油的抽水机会排放大量二氧化碳和其他有害气体，而太阳能抽水泵没有这种毛病，对保护环境有利。

1974年，美国佛罗里达大学研究出一种结构非常简单的太阳能抽水泵，它的运动部件只有两个单向阀门，实际上就是从200多年前贝利多尔太阳能抽水泵改进过来的一种抽水泵。与此同时，英国哈韦尔原子能研究所也研制了一种称为佛卢戴内3号的太阳能抽水泵，它用一个非常简单的加热空气汽缸的闭合循环代替了美国佛罗里达大学使用的沸腾器，是又一种经过改进的太阳能抽水泵，抽水效率有所增加。

据"欧洲发展基金组织"1989年统计报告说，自1983年以来，全

世界的太阳能抽水泵每年都要增加近千台，现在全世界已安装的太阳能抽水泵至少有 6000 台，主要是在缺少电源的农村使用。

贝利多尔太阳能抽水泵和佛卢戴内 3 号太阳能抽水泵

48　阳光为住房取暖

——多佛太阳房

　　世界上利用太阳能取暖的房子很多，但有正式名字的太阳房却不多。不过在美国，有一座利用太阳能取暖的房子却是上了书本的，它叫多佛太阳房。为什么叫这个名字？其中有许多历史的原因。

　　其实，从远古时候起，人类建造的住房大多是坐北朝南的，这说明古时的人早就懂得利用太阳能取暖了，只是古时的这种房屋不如现代的

太阳房先进。最早描述太阳能在住房建筑上用来取暖的人，是生活在公元前469年～公元前399年的古希腊哲学家苏格拉底。这位哲学家有一个特点，喜欢高谈阔论，却不爱动笔写作，他的许多言论和行为，大多是别人记录下来流传后世的。

在色诺芬写的一本名为《苏格拉底言行回忆录》的书中，就记载了苏格拉底当时对如何利用太阳能取暖的谈话。其中记载："冬天，太阳光线能够照射到朝南的房子的门廊上；但夏天，由于太阳运行的路径高过屋顶，所以门廊上有阴影。因此最好的办法是使房子的南边高些，以便冬天室内能得到较多的太阳光，而房子的北边要砌得低些，以便减少冷风的影响。"这段话很形象地描绘了当时太阳房的结构。当然，这种太阳房是最原始的，比现代的太阳房要差多了。从古代到现代，太阳房的发展经历了漫长的过程。

到100多年前，太阳房的建造才有了新的发展。1882年5月13日，一家名为《科学美国人》的刊物，报道了美国马萨诸塞州索利姆的一位叫莫尔斯的教授发明了一种太阳房，这个发明的内容就是"利用太阳光线使房子变暖"。这座太阳房的特点是，利用玻璃和黑色石板来建造房屋的取暖装置。他将能照到太阳光一侧的墙壁用黑石板砌成，黑石板外面罩上一层玻璃，玻璃与石板之间留有一层空隙，而石板底部又有通气孔，通气孔与整座房屋的通气孔相连接。这样，白天有阳光的时候，阳光通过玻璃照射在黑色石板上，黑色石板充分吸收了太阳照在上面的热，这热使夹在石板和玻璃之间的空气变热；被阳光烤热的空气上升到房间顶部，再流回到房内，而冷空气则从通气孔中排出，进入石板与玻璃之间再被加热。这样循环下去，只要白天有太阳，房间里就很暖和，莫尔斯教授就用这种方法加热房子。

由于采用吸热效率很高的黑色石板，太阳房内的温度大大提高。这个道理不难体会，这和人穿黑色衣服在阳光下行走时会感到格外热是一个道理。但是，直到20世纪30年代，各种太阳房虽然能在白天用阳光取暖，节约燃料，但不能把太阳能贮存起来。在夜间和阴雨天气，还是

要消耗相当多的燃料。

经过不断改进，美国麻省理工学院的特克博士于 1949 年圣诞节前，在麻省多佛的皮博迪庄园建成了世界上第一座完全由太阳能取暖的房子。因为建在多佛这个地方，所以称为多佛太阳房。

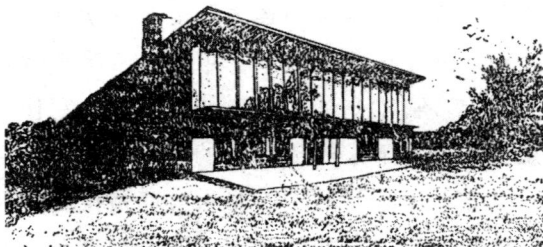

多佛太阳房

在多佛太阳房第二层楼地板上的整个南面布满了双层玻璃空气集热器，面积约为 66.89 平方米。每个吸热板由 3.28 米长和 1.22 米宽的花玻璃组成，两块玻璃之间有 19 毫米的空气间隙，玻璃之间的吸热板是涂了黑漆的镀锌钢板。在玻璃之间被加热的空气送到三个能贮存热量的集热箱中，利用集热箱储存的热量足够整个房间冬天取暖。这就是为什么多佛太阳房被写进书本并闻名世界的原因。

49　金属在阳光下熔化

——法国的奥代罗太阳城

太阳有巨大的热能，给地球和人类及一切生物带来阳光和温暖。人们很早就发现，利用透镜和聚光凹镜对着太阳，在焦点处会出现一个雪亮的白点，白点可以把纸张点燃，把手烧伤。前面已经介绍过，很早以前就有人利用太阳的热量来烧水、做饭，而进入近代，更有人想到，用太阳能来熔炼金属。

世界上最早用太阳能量来熔炼金属的人是 18 世纪的法国科学家拉

瓦锡，他制成许多巨大的透镜，当把这些透镜的焦点全部对准一种金属时，能把金属熔化。于是他用这些透镜组成了一个太阳能炉，用各种熔点不同的金属做试验，包括用熔点达 1773 摄氏度的铂做试验，都取得了成功，使这些金属熔化了。但是，由于透镜本身的材料不太好，如吸收光线并有辐射现象，会损耗一些阳光，因此不容易得到更高的温度。

1921 年，德国一位叫斯特劳布的科学家在透镜的基础上，设计了一个用抛物面聚光镜和透镜组成的太阳能炉，使太阳能炉的温度进一步提高。第二次世界大战后，一直从事太阳能利用的法国科学家费利克斯·特朗比为了增加太阳能炉的温度，在 1947 年成功地把军用探照灯用的反射镜用在太阳能炉上，并于 1952 年在蒙特路易的比利牛斯山上建立了世界上第一个功率达 75 千瓦的大型太阳能冶炼炉。

在蒙特路易召开的一次太阳能利用学术讨论会上，特朗比用他的太阳能炉表演了熔炼高熔点（1900 摄氏度）锆的成功技术。表演开始，只见一个特殊的工作台用缓慢得几乎察觉不到的速度上升，把一小撮白色粉末举到一个大型抛物面聚光镜的焦点处。它一到达聚集点上，就见闪起一束眩目的白色光芒，白色粉末是熔炼锆金属的原料二氧化锆，在焦点处聚集的太阳光束可使温度达到 3000 摄氏度以上，这一温度足以使二氧化锆粉末熔化。参观的人戴着深色墨镜，当他们看到一小团像遥远的地质时代喷发出的岩浆一类的物质时，那就是被阳光的炽热所熔化的二氧化锆粉末。人们立即热烈鼓掌，对特朗比教授表示热烈祝贺。

特朗比设计的这座太阳能炉，包括一个由许多反光镜组成的巨型阳光反射器，整个反射器的直径有 12 米，反射器中装有许多光电管，它能自动使反射器像"向日葵"一样老是对着太阳，使阳光自始至终指向另一个直径达 10 米的抛物面聚光镜。特朗比教授是个不满足的人，20 世纪 70 年代，他又在离蒙特路易十来千米的一个叫奥代罗的小镇上，领导大家建造了一个更大的太阳能炉，炉子功率达到 1000 千瓦。当地人自豪地把这个小镇称为"太阳城"。

这座 1000 千瓦的太阳能炉竖立在一座有细长塔尖的古教堂附近。

它像一座超现代化的多层大楼，它的整个北面是一个直径 50 米的大型抛物面聚光镜，用来聚集太阳光，而在这座多层大楼对面的小山上，则竖立着好几十个大得令人吃惊的反射镜，它们排成一行；由反射镜反射到聚光镜上的阳光，被聚光镜聚集，可以把温度加热到 3500 摄氏度。用

法国特朗比建造的太阳能炉

这座太阳能炉，每天可以生产约 2.5 吨锆金属，其纯度比在一般电炉或电弧炉中熔炼的锆还高。

50   人造一个能源湖

——湖水温差发电

大约在 19 世纪末，罗马尼亚特兰西瓦地区的一名医生，发现一个令人迷惑不解的小湖。这个小湖一到冬天，湖面就结出冰层，但在冰下的深处，湖水的温度却高达 60 摄氏度。

20 世纪初，匈牙利的物理学家凯莱辛斯基在做资源调查时，也在一些天然湖泊中看到这种怪现象。在这些湖泊中，水底的温度总是比水面高，最明显的大概要算匈牙利的迈达夫湖，这个湖泊在夏末时，湖深 1.32 米处的水温高达 70 摄氏度。

从那以后，许多科学家开始研究这种现象，为什么这些湖泊的湖底温度会这么高呢？而且总是湖面的温度比湖底温度低呢？这太不寻常了！因为一般的淡水湖的水面和水底的温度差都比较小，而且由于热的湖水比冷的湖水要轻一些，通常都是湖面的水温较高。

经过研究发现，这些湖泊中的水都含有盐，而且湖泊中不同深度的水的含盐量不一样，湖底水的含盐量较高、比重大，湖面水则含盐量低，接近于淡水。湖底的水虽然温度较高，但因为含盐分多，反而要比含盐分少的冷水重些，所以这些温度较高的盐水一直停留在湖底。原因找出来了。1948 年，以色列一位叫罗道夫·布洛赫的科学家提出建议，利用这种热水湖的热量作能源来发电。20 世纪 60 年代初，以色列在死海海岸建造了一座 625 平方米的人工小湖，湖水中的盐分模仿天然盐水湖中的成分。这个人工湖在太阳的照射下，在 80 厘米深处的水温达到了 90 摄氏度。

为什么盐水湖底的温度会这样高呢？原来盐水湖和淡水湖不一样，淡水湖在白天被太阳晒热后，夜晚会将白天积蓄的热量散发掉，表面先冷却，这样表面水的比重加大而下沉，下面的水就上升到湖面也将白天积蓄的热量散发掉，于是湖水上下温度就一样了。而盐水湖就不同，表面的水即使温度下降也不下沉，下层的盐水因为比重大不能上浮，所以热量不会向空气中散失。这样，盐水湖被太阳晒久了，湖底的温度就会越来越高。

20 世纪 70 年代末，以色列又建造了一个 2.5 米深、面积有 7000 平方米的人工盐水湖，用它来收集太阳的热量使湖水加热，再用热水来发电。1979 年 12 月 19 日，这个盐水湖太阳能发电站正式发电，功率达 150 千瓦。你或许会问，湖水温度并没有达到使水变成蒸汽的程度，为什么能推动蒸汽涡轮机发电呢？原来热水的温度只要达到 70～85 摄氏度，它就可以把一种低沸点的氯化烷一类化合物变成蒸汽，用 405.3 千帕的氯化烷蒸汽就可以驱动一个气轮机发电。1990 年，意大利阿吉普公司在玛格丽塔—迪萨沃亚的盐田中也建造了一个收集太阳能的盐水

湖，可使湖水温度达到 90 摄氏度。在这个太阳能盐水湖的湖面上，还有一块巨大的聚光板，用来增加收集阳光的热量。

人工热水湖示意图

不久，意大利的一位叫赞格拉多的女物理学家建造了一个小型的太阳能盐水湖，创造了一项世界纪录，使盐水湖的温度达到了 105 摄氏度。利用太阳能加热的人工湖可以直接用来取暖，也可以用来发电，它的优点是能把太阳光的热量贮存起来充当能源，而无任何环境污染。

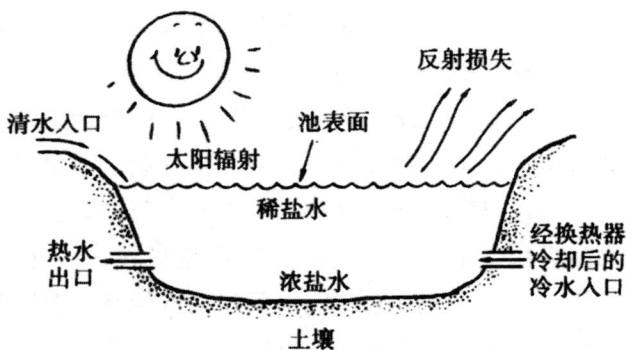

51 电能在阳光下产生

——"怀胎 80 年"的光伏电池

太阳能电池现在已经是普遍使用的能源了，它在各种航天器、无人灯塔、海上航标、摩托快艇、手表、计算器、路灯、钟塔、微波中继站等许多领域大量应用，但是太阳能电池的诞生却经历了一个漫长的过程。1876 年，英国有两位科学家，一个叫亚当斯，一个叫戴。他们在研究硒这种半导体材料时，偶然发现，硒经太阳光一晒，竟能像伏打电池一样产生电流。当时他们把这种现象称为光—伏打效应。从那时起，人们就已知道，光能可以直接转变为电能。

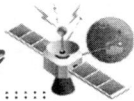

但是，硒产生的光－伏打效应很弱，光变电的转变效率很低，只有1％左右。也就是说，相当于100瓦的光能照射硒，硒只能产生出1瓦的电能，因此没有什么实用价值。但不管怎样，硒可以说是最早出现的太阳能电池的"胚胎"，只是这个"胚胎"孕育的时间太长了，由于它的光－电转变效率太低，研究它的人也就"冷"了下来，直到20世纪50年代，硒的光－伏打效应一直只作为一种罕见的现象看待。

但科学技术从来就是"催产婆"，1954年，美国的贝尔实验室在研究另一种叫做硅的半导体材料时，惊异地发现：当在硅中掺入一定的微量杂质后，经太阳光一照，也能产生电流，而且光－伏打效应非常明显，光能变电能的效率大大提高，达到了10％左右。就在这一年，贝尔实验室把硅半导体晶体切成薄片，在硅片的正面和背面分别涂上少量的硼和砷，受光照射后，硅片涂硼的一侧即产生正电，而涂砷的一侧产生负电，将金属导线从正面和背面各引出一个电极，就成了世界上第一个光伏电池。也就是太阳能电池终于从"胚胎"发育成"婴儿"降生了。

从此以后，大批科学家开始投入了太阳能转换电能材料的研究，太阳能电池迅速成长。1958年3月17日，美国首次在"先锋1号"卫星上用单晶硅太阳能电池提供电源。只是当时这个太阳能电池的功率小得可怜，只能供一个5毫瓦的无线电辅助发射机的用电。自1959年后，全世界数以千计的卫星上几乎都装有利用太阳能的光电池，功率也逐步增加，有的高达20千瓦。我国1990年9月3日发射的气象卫星上，也采用了太阳能电池。

最近几年，光电转换材料层出不穷，光电转换效率也不断提高，例如硅半导体太阳能电池的转换效率已经达到了17％以上，一些新型光电转换材料如砷化镓，转换效率最高可以达到25％。

硅太阳能电池的核心部分是一个PN结，在厚度为0.3～0.5毫米的硅片（如P型硅片）表面做一薄薄的反射层（如用扩散法形成N型层），即可形成PN结，然后在结的两面各加上一个电极，并在表面加

上减反射层。这种硅半导体经太阳一照，就会在两极之间产生电流和电压。每一片硅电池在阳光下产生的开路电压为 0.5～0.6 伏，这一电压用作电源有时显然过低，但只要将大量硅片串联和并联起来，组成太阳能电池阵列，就可以得到所需要的任何电压的电池。

52　为了士兵的个人卫生

——太阳能热水澡堂

阳光能加热空气，能熔化金属，当然也能用来烧水做饭。在我国日照时间长、阳光充足的许多农村，已有许多人利用太阳灶烧水做饭；在城市的许多楼顶上也竖起了许多太阳能热水器，供家庭洗澡用。但这些热水器，充其量只能给几个人最多百把人用。你听说过一次能给六七千人洗澡用的澡堂吗？

国外还真有这样庞大的澡堂。在美国的佐治亚州本宁堡地区，驻扎着一支几千人的陆军工程兵部队，这些部队虽然现代化程度很高，但免不了还得干体力活，身上当然就汗流不止，下班后都希望洗一个舒服的热水澡。但美国现在也很"抠门儿"，因为他们也感到石油缺乏，煤炭不足，舍不得使用这种宝贵能源，并且为了解决这几千人洗澡的问题，每年大约要烧掉 11300 桶石油。

于是美国陆军工程兵部队决定利用太阳能，在 1980 年之后就在驻地修建了一个占地面积 44515 平方米的太阳能热水池，每天可以加热 1800 多吨热水，供 6500 名军人洗澡。当然还可以利用太阳能为游泳池的水加热，进行舒适的游泳活动。

这个庞大的洗澡池是怎样建造的呢？在这个有几万平方米的太阳能

热水池中，共采用了 80 块太阳能吸热板来收集阳光，分四行排列，每块吸热板有 61 米长，4.7 米宽。其外围有一个约 0.46 米高的水池墙，底部以 8.89 厘米高的水为储热流体。每块吸热板上覆盖着高分子强化玻璃纤维制成的波纹状面盖，面盖的透射率达 89％，可使水温加热到 60～70 摄氏度。

别看修建这个庞大的热水池花了两年时间，耗费了 400 万美元，但在 1985～1986 年热水池正式开放的两年中，每年节约的石油就达 11300 桶。如果以 20 年的使用期限计算，可以节约 800 万～1000 万美元之多。

这种热水池收集太阳能的方法，与利用凹面镜将阳光集中反射到一个集热点的方法不同，它不是利用反射聚集阳光，而是采取一切可以吸收太阳热能的方法，将阳光的热能吸收、贮集加以利用。其效率不是太高，但设备简单。

在我国农村，曾经推广过一种太阳能箱烧饭的方法，那是一种五面都贴上黑纸的箱子，使照在上面的太阳光"一点不剩"地都被吸收进去。农民出门干活的时候，将盛有米和水的锅放进太阳能箱里，上面再盖上一块玻璃，中午回来，锅里的饭就焖熟了。这种利用太阳能的方法，虽然比较原始，但对缺少能源的不发达地区，仍然不失为一种可取的节约燃料办法。

2002年，我国清华大学又研制了高效能的玻璃真

高效能太阳能集热管为热水器提供热水

空管集热系统，可以利用太阳能加热大容量的热水器，提供大量热水（见图）。

53 阳光的热能收集到多少

——聚集阳光的最高纪录

你也许认为，用太阳能可以熔炼高熔点金属，能把太阳能炉加热到3500摄氏度，这已经是非常不容易的了。但科学家们就像体育运动员创造世界纪录一样，也想在阳光的聚集上创造世界纪录，建造温度更高的太阳能炉。

用聚集的阳光到底能达到多高的温度呢？据科学家测量，太阳与地球的距离大约为15000万千米。太阳中心的温度估计可达1500万摄氏度，表面温度约有6000摄氏度。太阳每分钟向外辐射的能量是个天文数字，约为23.446×10^{27}焦。当然，太阳辐射的能量是向宇宙四面八方发射的，能到达地球的能量很少，大约只有它的总辐射量的二十多亿分之一，其中大部分能量还被大气层反射和吸收掉了，有的变成风、雨、雷、电等，真正辐射到地球陆地上的能量大约为17万亿千瓦。即使这样，这个数字也是相当惊人的。因此科学家们认为，只要能把太阳赐予的这些能量聚集起来，肯定能创造出高温纪录。

继那位法国科学家朗特比创造出温度高达3500摄氏度的太阳能炉后，苏联和美国的科学家也不甘落后。1988年，苏联的科学家也在乌兹别克的帕尔肯特地区（这里的日照时间较长）建造了一座生产耐热材料的太阳能熔炼炉。阳光聚集装置建在一个山顶上，呈阶梯形，共8个台阶，由62块大型向日镜组成一个高达54米的抛物面大型阳光收集系统。这些向日镜由计算机控制，从日出到日落，就像向日葵似的跟踪着太阳。熔炼炉则建在山脚下，形状像一个巨大的鱼雷，由62块向日镜

接收的日光用光导纤维传送到太阳能熔炼炉的炉膛，用来生产纯度很高的高温材料。但可惜，它能达到的温度也只有3000多摄氏度。原因是阳光的聚集量仍然不够。

大约在同一时间，美国芝加哥大学的物理学家罗兰·温斯顿领导的一个科研小组，也在研究如何最大限度地聚集太阳光的问题。他们分析了影响阳光收集的各种因素，认为要想使收集的阳光高度地集中，必须在反射镜上下工夫。经过反复试验，他们终于研制出一种新型反射镜和阳光收集新技术，使聚集的阳光达到了投射到地面的普通阳光强度的6万倍，竟与太阳表面能量的强度不相上下（即在焦点处的温度可接近6000摄氏度）。这种反射镜可以为空间通信、材料加工及激光器提供能量和动力。

1988年2月12日，在芝加哥大学一幢楼的楼顶上，温斯顿进行了一次现场表演。他通过一个直径0.4米的涂有银的玻璃镜，把阳光反射到一个经过精密加工的银锥体上，银锥体里面含有对光线起折射作用的油，油是使阳光高度聚集的一种关键物质。这个银锥体把阳光聚集起来后，可使焦点的直径从1厘米缩小到1毫米，从而使能量密度达到每平方厘米5000瓦。这一能量密度已超过了激光器激发激光的临界强度，可以为分离铀同位素的激光器提供能量。阳光中聚集的紫外线，还能改变金属和其他材料的分子结构，生产出高强度的航空航天材料。至此，对太阳光热能的利用，已进入高科技的范畴了。

54 抓住了机遇

——奥运会推进太阳能利用

争取申办奥运会成功是当今许多国家梦寐以求的大事，因为举办这种世界规模的大型运动会，不仅能推动本国体育运动的发展，还能促进科技的进步。大家也许还记得 1993 年，包括我国在内的好几个国家为申办 2000 年奥运会，投入了多大的人力、物力和财力，目的就是希望自己的国家申办成功，以促进本国的体育事业和科技的大发展。在激烈的角逐中，澳大利亚幸运地获得了 2000 年奥运会的举办权。

澳大利亚人欣喜若狂，但他们也遇到了困难，因为他们在申办时曾许诺为奥运村、运动员餐馆、主要运动场地和其他设施提供无污染的太阳能电力 10 兆瓦。但真要实施起来却不那么容易，因为在当时，太阳能发电还有许多问题没有解决。这可愁坏了澳大利亚的体育官员。

在体育官员发愁的时候，澳大利亚的能源科学家却比运动员还高兴，尤其是长期研究太阳能利用的悉尼大学物理学家戴维·米尔斯，就像打了一支兴奋剂一样兴奋无比。原来澳大利亚是一个多沙漠的国家，而沙漠地区意味着太阳能丰富。但过去因为资金不足，研究利用沙漠地区太阳能的工作一直进展不快。尽管世界上各种太阳能装置为数不少，但使用效果却很不理想，原因是太阳能接收器的光—热—电转换效率都不高，使发电成本大大增加。而要寻找新的太阳能转换材料，又需要大量资金。

比如，以色列的 LUZ 公司，20 世纪 90 年代初在美国南加利福尼亚的莫哈沙漠建了 9 个太阳能发电厂，设计的总发电能力达 354 兆瓦

（比我国秦山核电站第一期工程 300 兆瓦还大）。但这些发电厂在 1992 年时破产，原因是太阳能材料的光－热－电转换效率低，使发电成本居高不下，竞争不过燃烧煤的发电厂，也竞争不过利用原子能的核电厂。

米尔斯为了解决太阳能利用效率低的难题，曾在 1991 年完成过两项重要研究，但也因资金不足而难以推广。现在奥运会申办成功，给米尔斯提供了一个施展才能的极好机会。因为奥运会需要无污染的能源，米尔斯的两项太阳能研究成果就有可能在奥运会中获得应用，从而得到可观的资金。于是，他开始宣传他们的研究成果。

米尔斯的第一项研究成果是研制了一种能有效吸收阳光的多层涂料，涂料的第一层是防阳光反射层，对照射在涂料上的阳光只吸收不反射，防止热量的损失，它是由氧化硅制成的；第二层是吸收阳光热量的金属陶瓷层；第三层是导热性良好的金属层。这三层材料的总厚度才 100 纳米，这种多层涂料涂在一种精巧的阳光收集器结构上，能达到前所未有的光－热－电转换高效率。阳光收集器的特殊结构是米尔斯的第二项研究成果，它最终可以将接收到的阳光的 98％ 变成热能，并使热能变成电能的总效率达到 20％。

阳光收集器的独特之处是其背面一侧有一面槽形抛物面反射镜，它能把太阳光全部反射到多层涂料上，多层涂料涂在接收器的抽真空的双层玻璃内管的外层，这种设计和保温瓶的设计有异曲同工之妙。双层玻璃管装在一根不锈钢管外，不锈钢管内是水，水流经过管内可被太阳能从室温加热到 180 摄氏度，成为高温高压水蒸气，推动气轮机发电。

米尔斯的研究成果不久就被以色列的一家公司看中，并买下了 9 家太阳能发电厂，用米尔斯的技术对太阳能发电厂的接收器进行改造，使电价有可能在几年内降到每千瓦时 5.5 美分，可以与火力发电和核电竞争。米尔斯满怀信心地声称：到 2000 年，太阳能发电可以在美国的三分之二的国土面积，澳大利亚的全部大陆，南欧和非洲、南美和热带的广大地区同其他能源竞争。

55 不是只有一种方案

——太阳能电池网

世界上对同一事物的看法也许永远不会完全一致。在米尔斯信心十足地发表胜利在握的"宣言"时，澳大利亚国立大学能量研究中心的研究员斯蒂芬·凯列夫却向米尔斯提出了挑战。他抛出了一种新设计的太阳能发电装置：大型六边形圆盘抛物面反射镜太阳能发电系统。

凯列夫声称：他的这种新式装置可以把大量阳光聚集在很小的面积上，产生 1500 摄氏度的高温，从而得以迅速产生高压水蒸气，而米尔斯的槽形抛物面反射镜只能把油加热到 390 摄氏度。圆盘形抛物面反射镜的另一个优点是它可以指向天空中的任何一点，既可以在地平经度方向沿垂直轴跟踪太阳，又可以在纬度方向沿水平轴跟踪太阳，在冬季和高纬度区也能有效地吸收阳光。此外，圆盘形抛物面反射镜产生的强烈热度，甚至可以使氨一类的气体产生热化学反应，分解出氢气用于发电或工业，而槽形抛物面反射镜因不能产生足够的温度，就没有这种功能。

其实，早在 1992 年，凯列夫的方案就得到了澳大利亚能源研究和开发公司的支持，并得到了 30 万澳元的资金赞助。经过近两年的研究，他取得了可喜的进展，使他在技术上有了向米尔斯挑战的能力。1994年 6 月，凯列夫在堪培拉澳大利亚国立大学校园内，竖起了一面巨大的六边形圆盘抛物面反射镜，采光面积达 400 平方米。这是目前世界上该类型的最大的太阳能接收器。

目前这台太阳能发电装置已完成实验，成功地产生了推动气轮发电

机的高压蒸汽。实验的成功，使凯列夫更有信心地同有 7 家动力公司的国际财团和能量管理局合作，准备在澳大利亚腾南特克里克安装 28 面大型圆盘形抛物面反射镜。它们可以产生 2 兆瓦的电力，为这个采矿城镇解决能源急需的问题且减少污染。

米尔斯和凯列夫要想真正实现使太阳能发电在经济上有竞争力，可能还要花 5～6 年时间。另一种太阳能电力的潜在供应者就是光伏电池。澳大利亚悉尼新南威尔士大学的马丁·格林领导的一个科研小组在 1994 年 5 月宣布，他们找到了制造光伏电池在经济上可行的新方法，即可以用质量较差的硅半导体使光伏电池的成本降低 80％，并创造了光—电转换效率达 23.5％的光伏电池的世界纪录，但这一成果仍处于研究阶段。

过去的光伏电池通常采用两层高纯度的优质硅，因此成本很高。现在它可以用纯度差 1000 倍的低品位的半导体硅生产出高效率的光伏电池来代替。他声称，在大约 10 年之内，光伏电池的发电成本可以从目前的每千瓦时 30～40 美分降低到 5～6 美分。

格林新设计的光伏电池是用多层低品位的硅半导体制成的，形状像多层饼，可以是 5 层，也可多达 10 层以上，但其总的厚度才 20～30 微米，而人的头发直径就有 60～80 微米。这么薄的太阳能电池将来是否可以向公共的电网提供电力呢？格林认为，从长远看，向电网供电是完全可以的，但目前太阳能电池将广泛用于住宅供电。例如，日本就希望用太阳能电池为住宅供电，因为它国土面积少，没有建立大型太阳能发电厂的土地。但是，把成千上万家屋顶上的太阳能电池联系在一起，把过剩的电力送到公用电网也是有可能的。这种技术已在德国开始出现，在德国，有 2500 家以上的屋顶上的太阳能电池已联成网。

格林目前正在为怎样能更有效地利用太阳能发电，与米尔斯及凯列夫开展友好而激烈的竞争。

56 解除无水饮用之苦

——巧用太阳能淡化海水

事情发生在 20 世纪 90 年代初，1991 年的海湾战争中，伊拉克军队一夜之间占领了科威特这个沿海沙漠小国，盛产石油但淡水资源十分缺少的科威特真是祸从天降。后来，伊拉克虽然战败了，但海湾战争结束时，伊拉克军队在撤离科威特之前，硬是把科威特的大部分海水淡化工厂给破坏得一塌糊涂，使科威特人陷入了无淡水饮用的恐慌之中。

在海湾地区，尽管海水取之不尽，但几乎每个海湾国家都缺少淡水。过去虽然许多国家都建有海水淡化工厂，但费用昂贵。这些海水淡化工厂大多采用蒸馏方法，即将海水煮沸使其中的水分蒸发，然后变成蒸馏水，因此要消耗大量能源。所幸海湾国家有丰富的石油，采用蒸馏法尚不存在能源困难。但那些能源缺少的国家和地区可就苦了，因为他们没有能源来淡化海水。

战争给老百姓留下的灾难，触动了科学家的同情心。其中有一位叫皮埃尔·利·戈夫的人，是法国南锡化学工程科学实验室的化学家，眼看着科威特和其他淡水奇缺地区的贫困居民饱受无水饮用之苦，他决心研究出方便而廉价的海水淡化方法。他的目标是要研究出既简单又耐用，任何农村的工匠、海岛的渔民只要稍加指点就会使用和维护的海水淡化设备，而且不需要花钱购买能源。会有这等好事吗？没有能源怎么能将海水淡化呢？

原来，皮埃尔·利·戈夫决定利用免费的太阳能来淡化海水。说起来容易，但做起来就困难多了，因为戈夫的设想是利用太阳能作为淡化

海水的能源。他不知失败了多少次，最后才取得成功。因为太阳能虽然在海湾地区比较充足，但要让太阳能能够迅速把海水蒸发，就必须把阳光的能量最大限度地利用起来，而戈夫不可能一次就能全面考虑到许多因素。

但成功总是属于那些坚忍不拔的人，戈夫也是这样的科学家。为了最大限度地利用太阳这种天赐良"源"，他终于设计出一种非常小巧轻便的太阳能海水淡化装置，结构也不复杂。它有一个盛海水或咸水的桶，桶里的水靠自身的重力向下流到几块细纱布上，而细纱布悬挂在6块彼此垂直平行相隔4厘米安放的铝板旁边。太阳光通过透明的乙烯塑料板照射到铝板上，为了有效利用阳光，还有一面可调整角度的反射镜，使阳光垂直照射铝板。第一块铝板可以被阳光加热到94摄氏度，于是在这块铝板旁边悬挂的细纱布上的海水很快就蒸发变成为水蒸气，水蒸气穿过4厘米的间隔遇到第二块铝板时，就冷凝成水滴；在冷凝时水滴释放的热量会加热这块铝板（温度低于第一块被太阳直接加热的铝板），这块铝板又使另一块悬挂在它旁边的细纱布上的盐水蒸发，这个过程依次进行到最后一块铝板和细纱布。

在最后一块铝板上得到的冷凝蒸馏水的温度约为45摄氏度，所有6块铝板上的冷凝蒸馏水都滴落到海水淡化装置底下的一个蒸馏水收集容器内。这个海水淡化装置像一个小型温室，每天每平方米太阳能收集器可以生产20升蒸馏水，一个普通的水桶太阳能蒸馏器一天可以产2.5~3.0升蒸馏水，很适合偏远贫困的干旱地区淡化海水，且便于搬运。

57　野炊做饭电气化

——卷纸式太阳能电池

现在的塑料和塑料用品成千上万，人们已经司空见惯，但有一种塑料，目前可能绝大多数人都没有见过。这种塑料在太阳下一晒，就能发出电来，可充当电池。它与现在的太阳能电池的不同之处是便宜而方便，可以像壁纸一样卷起来携带。

这种电池是谁发明的？为什么要发明这种电池？很多人感到奇怪。其实，凡是一种新发明，都有它的背景。比如，现在市场上的太阳能电池并不少，在有些计算器上、钟表上就有用太阳能电池的。在北京紫竹院公园大门附近就有一个大的石英电子表，其中的电源就是太阳能电池。但这些太阳能电池都是用硅一类的半导体材料制造的，价钱比较贵。

美国麻省远景研究开发公司有一位名叫阿尔文·马克斯的太阳能专家，早就想发明一种便宜的太阳能电池，但一直没有找到合适的材料。自从有了导电塑料后，阿尔文茅塞顿开，因为塑料便宜。你可能会问，塑料能导电吗？的确，绝大多数塑料都不导电，但现在科学家们用一种叫聚乙炔的塑料再在其中掺一些碘，就能使不导电的塑料成为导电的塑料。有了导电的塑料，阿尔文就开始研究太阳能塑料电池。

阿尔文调查了目前美国最便宜的电力生产成本大约是每瓦1.5美分，而如果用导电塑料薄膜制造太阳能电池，生产每瓦电力只需1美分。原因是导电塑料膜的价钱比半导体硅太阳能材料便宜好几倍。

但导电塑料膜并不像开始想象的那么美好，它本身不管怎么暴晒，

虽说也能产生电流,但也难以当电池用。阿尔文最后明白了,要想将导电塑料制成太阳能电池,还要经过一些"手续"。最主要的是要事先把导电塑料浸到一种溶液中,这种溶液里含有一种物质可以把太阳光线的能量转变成电荷。这种溶液也是阿尔文经过无数次实验才找到的。据他说,溶液内有三种成分的分子,第一种成分称为卟啉,它的作用是能捕获阳光中的能量;第二种成分称为苯醌,受阳光照射后,它就带负电荷;第三种成分受阳光照射后就带正电荷。这三种成分"并肩作战",一起努力,就能把太阳的光能变成为电能。方法有点类似植物用叶绿素捕获太阳能的过程,只是一个是把光变成电,一个是用光合作用变成有机物将能量储存起来。

导电塑料膜浸进了三种成分后,就具有了太阳能电池最主要的功能,但还要在导电塑料膜的两端安上两个电极,一个是正极,一个是负极,这样,展开的导电薄膜只

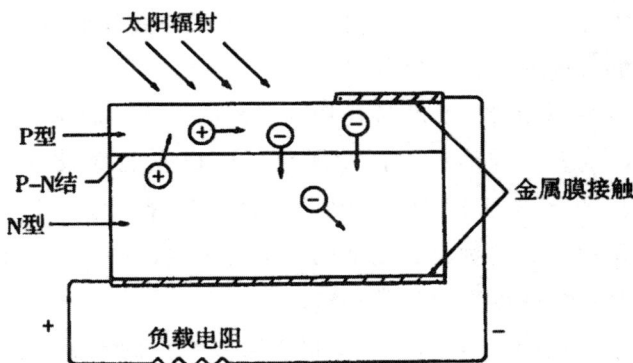

硅太阳能电池示意图

要在太阳下一晒,正电荷就都跑到了正极上,而负电荷则都跑到了负极上。两个电极之间再通过导线一连接,就能产生电流。

以后,你如果在风和日丽的天气去郊游,把几平方米的大型导电塑料太阳能电池像卷纸一样卷起来,就可以方便地携带。到了目的地以后把它展开,像个乒乓球台一样大,太阳一晒,就能发出很多的电能,像电炉似的,使野炊做饭也可以电气化了。

58 "三班作业"的太阳能电站

——太空发电计划

前面介绍过，1876年，名叫亚当斯和戴的两位英国人最先发现，用一种叫硒的半导体材料可以把太阳光能直接转变成电能，但转变效率太低，只有1％，即相当于100瓦的光能只能变成1瓦的电能，其他99％的光能都损耗掉了。

到20世纪50年代初，美国的贝尔实验室经过千辛万苦找到了单晶硅这种半导体材料，发现它可以把光能变成电能的效率增加到10％。1958年3月17日，美国发射的"先锋1号"卫星上的太阳能电池就是用单晶硅这种材料制造的，但这个电池的功率小得可怜，只能供一个5毫瓦的辅助发射机的用电。

从1959年以来，全世界数以千计的卫星几乎都是利用太阳能电池作动力，功率也逐渐增加，有的已高达20千瓦，即使已达到这种水平，距离科学家的愿望仍然相差太远。1968年，现任美国利特尔咨询公司太空业务主管的彼得·格拉泽提出了一个在太空建造太阳能发电厂的计划。他说，在地面上的太阳能发电厂只能"一班作业"，因为一天中只有白天有阳光，遇到阴天或下雨没有阳光时，连"一班作业"都办不到。他希望太阳能发电厂能"三班作业"，这样的发电厂如果设在太空，就完全可以做到，因为只要把一个太阳能发电厂像卫星一样送上天，进入大气层外的轨道，始终跟踪太阳，就能做到"日不落"，一天24小时都发电，然后用微波把电力输送到地面。格拉泽的设想尽管很吸引人，但由于要花费许多钱，美国政府对此兴趣不大。

到 20 世纪 70 年代时，世界出现能源危机，格拉泽的计划重新受到重视，但政府投资的 2000 万美元的研究费用花光之后，人们的热情又冷了下来，因为美国科学院 1981 年估计，要建立这么一个太空发电站，大概要用 50 年的时间，可能要花 30000 亿美元。

原来，格拉泽设想的这个太阳能发电站，重量达 5 万多吨，太阳能帆板的空间面积达 50 平方千米，光向地面传送电力的微波发射天线的直径就有 1000 米。这样的庞然大物俨然是一座大城市，怎样才能发射到太空中去呢？当然只能用"分而治之"的办法，每次发射一部分零部件，再在太空拼装。但即使一次只发射 50 吨的零部件，也要发射上千次才能把构筑太阳能发电厂的部件全部送上天。因此，在 20 世纪，这个计划难以实现。

但是，这几年来，人们对烧煤和石油发电产生的二氧化碳使地球变暖、造成气候异常的状况越来越担忧，而随着光能变电能的技术越来越成熟，光电的转换效率也越来越高（13％～17％），因此，科学家们对

太阳能卫星电站设想

太空发电的计划又重新燃起热情。1991 年 8 月，来自世界各地的几十名科学家聚集在法国巴黎，专门讨论太空发电问题，其中格拉泽在 20 世纪 60 年代首次提出建造太阳能卫星发电厂的计划，又成了这次会议中最令人感兴趣的议题之一。

不过，也有人担心，用微波把太阳能发电厂的电力送到地面，会使地球的人受到微波辐射。但格拉泽说，这用不着担心，因为微波束中心处的强度也只是太阳光的四分之一，微乎其微。真正的困难是，如何把巨大的太阳能卫星发电厂送到预定轨道，因为这需要巨额的资金和大量的时间。

59 古怪的飞行物

——"开拓者号"日光飞机

1996 年 6 月，一个阳光灿烂的晴天，在加利福尼亚美国航空航天局德赖登·弗来德中心，荒芜的洼地上空，一个古怪的飞行物在空中翱翔。说它是无人驾驶飞机，可它没有方向舵，没有尾翼，甚至没有机身，简直就像是一个飘浮在空中的翼板。当它在 10 千米以上的高空飞行时，看起来倒像一只在暖气流中悠闲滑翔的雄鹰。

实际上它的确是一架无人驾驶飞机，但它不带任何燃油，也没有喷气式飞机掠过天空时发出的轰鸣声，只是在这个像翼板一样的古怪飞行物的一侧，有 8 个螺旋桨飞速旋转着。奇怪，不带燃料也没有发动机，这些螺旋桨是怎样转起来的呢？原来，这是一架由美国航空环境公司研制的太阳能飞机，螺旋桨旋转的动力是由覆盖在翼板上的太阳能电池阵列提供的。这架形状特别的太阳能飞机的翼板有 30 米长，2.5 米宽，

上面铺满了太阳能电池，翼板前方安有 8 个电动机，用来驱动 8 个螺旋桨产生牵引力。

这架太阳能飞机名叫"开拓者号"，是美国航空环境公司一位名叫肯德尔的工程师负责研制的。肯德尔领导着一个科研小组，克服了一系列困难。但他们的目标不仅仅是制造出一架只能供观赏的高科技飞行器，而是在将来能用于气象观察和执行特殊的侦察任务。

其实，早在 20 世纪 80 年代初，美国就研制过一架有人驾驶的单座"挑战者号"太阳能飞机，其翼展是 14.3 米，在机翼和水平尾翼表面共安了 16128 片硅太阳能电池，在阳光充足时，能产生 3 千瓦的电力。这架飞机在 1981 年 7 月曾成功地从巴黎飞到英国，但速度很慢，平均时速才 54 千米，比汽车还慢。整个飞机的净重只有 90 千克。这种有人驾驶的太阳能飞机因为动力不足（3 千瓦），无法携带各种飞行仪器和探测仪器，因此实用性不大。于是一些科学家提出了设计无人驾驶的高空低速遥控太阳能飞机的方案。这种飞机在白天飞行时可以利用取得的太阳能尽量爬高，或者将太阳能贮存在蓄电池内，夜间利用高度作滑翔飞行或由蓄电池供电进行飞行。这样就可以依靠取之不尽的太阳能维持长时间的飞行，用来观察气象或进行军事侦察。

美国航空环境公司设计的"开拓者号"无人驾驶的太阳能飞机，就是在这种背景下研制出来的。它的古怪形状的优点是能最大限度地获取太阳能量。因为太阳辐射的能量密度小，要获得足够的能量，飞机上就应有较大的摄取阳光的表面积，用来铺设太阳能电池板。"开拓者号"的造型整个儿像一块翼板，原因就在于此。而它没有机身和尾翼，是为了减轻飞机的重量。

你也许会问，没有尾翼，飞机怎么控制方向呢？这不难，当用计算机分别控制 8 个电动机的速度时，就可以控制螺旋桨的速度，从而控制它们产生的牵引力，当一边引力小一边引力大时，它自然就会改变方向。目前，"开拓者号"还在改进，肯德尔和他的伙伴们知道，太阳能是一种天赐良"源"，但它受气候的影响，会时强时弱，要让飞机飞行

得自如，按人的意志执行各种复杂的任务，还需要解决一系列问题。但从现在的科学技术水平来看，要解决这些问题已都不在话下。

60　向卫星挑战

——"永不落"的太阳能飞机

美国航空环境公司在制造了"开拓者号"太阳能飞机，并在20千米以上的高空成功地试飞后，并不满足，他们又雄心勃勃地要制造一种利用太阳能长期不着陆的"永不落"飞机。他们的目标不仅是为了创造进入《吉尼斯大全》的世界纪录，更重要的是要让这种飞机代替一些卫星的作用。这种打算似乎有点不可理解，太阳能飞机能在天上长期飞行不着陆吗？它能和卫星进行竞争吗？这不是不自量力吗？

谁不知道卫星神通广大，尤其在全球无线电通信、电视转播中谁也代替不了它独占鳌头的地位。还有那些间谍卫星和资源卫星也很厉害，在太空上绕地球转上几圈，就能把地面上的许多军事机密和各种资源拍摄下来。虽然卫星具有这么多优越性，但在实际上，卫星也不是十全十美的。比如，卫星离地面毕竟很远，即使用分辨率很高的摄像机，有时也拍摄不到理想的清晰照片。另外，卫星上携带的仪器，因为要受到宇宙射线的强烈照射，又没有冷却电子线路的气流，为保证必要的寿命，造价不免十分昂贵。

卫星还有一个缺点，它在绕地球飞行时，每通过一个地区，只是一掠而过，因此经常有侦察不周的毛病，常常会漏掉一些重要情报。因此美国在20世纪90年代的星球大战计划中就有研究"永不落"太阳能飞机的课题。从理论上分析，要求太阳能飞机做到长期不着陆飞行是完全

可以的。科学家认为，太阳能飞机在白天阳光充足时，可以用一部分光能维持飞行，又可把剩下来的能量储存起来用于夜间飞行。

但要在实际上做到这一点却十分不容易，至少在20世纪90年代之前很难，因为太阳能的能量密度很小，要使飞机长期不着陆，首先要尽量减轻飞机本身的重量，然后还要尽可能使光－电转换效率提高，使太阳能电池板获得更多的电力。在20世纪90年代以后，这两个问题已基本上能克服。"开拓者号"太阳能飞机已为此打下了良好的基础。它采用高强度轻重量的碳纤维和聚乙烯分别作翼梁和翼肋，用高强度聚合物膜作蒙皮，使整架飞机的重量只有180千克。现在太阳能电池的光－电转换效率已达到17％，有时能达到25％。"开拓者号"大约有45平方米的面积，可安放8000个太阳能电池，产生7千瓦的电力。

美国航空环境公司准备让"永不落"的"太阳神"号太阳能飞机的翼展增加到60米，使收集的太阳能比"开拓者号"多一倍，并在机上安装高效蓄电装置，用来储存白天富余的电能，供夜间无阳光时使用，这样就可以做到长期不着陆飞行。他们预计，"永不落"的"太阳神号"实际上可以连续飞行三个月或更长的时间不着陆，尤其是在北极的夏天，阳光极为丰富，这样飞机就有足够的动力，即使做长期的环球飞行也不在话下。

"太阳神号"原是美国星球大战计划的一部分，准备用作侦察或者用来携带和发射导弹。现在冷战时代结束，许多民用部门对它也很感兴趣，因为它离地面近，拍到的照片比在卫星上拍的照片分辨率高得多，也清晰得多。由于太阳能飞机的飞行高度不

阳光开动的飞机和汽车

算太高，因而安装在它上面的仪器不像卫星上的仪器那样，要经受严峻的宇宙射线的考验，这样制造成本就要低得多，即使损坏，更换起来也容易。而卫星上的仪器一旦损坏，维修起来就相当麻烦和费钱。

和卫星相比，太阳能飞机可以在它感兴趣的任何地方盘旋，进行详细侦察和探测，其费用却只相当于发射一颗卫星的十分之一。用它可以跟踪热带海上形成的飓风、绘制海图、管理海上交通、监测农作物和探测自然资源、为通信中继服务、收集大气标本、为研究全球气候服务等等。而且这种无人驾驶的太阳能飞机在计算机的精确控制下，可以做各种姿态的飞行动作，如转弯、打滚、侧滑等等，它的发展前景是很广阔的。

61 玻璃板之间有夹层

——发电窗户

窗户每家都有，那是用来采光、通风用的，还没有听说过用窗户可以发电的。但现在世界上已经有人做出了能发电的窗户，这个人叫迈克尔·格拉蔡，他是瑞士的一位化学家。他经过几年的研究和不断改进，终于发明了一种能发电的窗户玻璃。它既能透光，使室内明亮，又能发电，让收音机、电视机等电器响起来。

格拉蔡怎么想起来要发明发电的窗户呢？这并不奇怪，因为现在世界上到处嚷嚷有能源危机，说石油和煤炭总有一天会消耗殆尽，但太阳能却是取之不尽的。格拉蔡就想：世界上的住房和建筑物上该有多少窗户呀！如果能使向阳光一面的窗户都能利用太阳能发电，那么得到的电力加起来简直是一个天文数字。于是，他从20世纪80年代末就开始研

究能发电的太阳能窗户。

1991年10月，格拉蔡终于成功地制造出了一种奇特的太阳能玻璃板，这种玻璃板不仅可以安在各种建筑物上作窗户，同时又可以发电，而且得到的电能要比现在通常用的硅太阳能电池的价格便宜5～10倍。

这种玻璃外表看起来和普通玻璃似乎没有什么区别，但实际上里面有许多"机关"。格拉蔡在两层普通玻璃板之间，"夹进"了一些特殊的遇到阳光就能发电的超薄化合物，其中包括二氧化锡导电层、二氧化钛半导体层和一种以含碘为主的电解质层及一种类似植物中的叶绿素的染色层。

你也许会问，玻璃板之间夹了这许多层"馅"，还能透光吗？其实你用不着担心，别看玻璃板之间有这么多夹层，但它们总的厚度才10微米，因此完全可以透过光线，一点也不影响室内的亮度。

那么这种古怪的玻璃板是怎么发电的呢？让我们看下面的示意图就一目了然了。当光线穿过外层玻璃和非常薄的二氧化锡导电层及电解质层到达染色层时，染色层就吸收太阳光中的光子。光子是一种带有能量的粒子（用肉眼根本看不到，是比细菌还小得多的颗粒），别看这种粒子小，它打在染色层上却可以把一个电子给轰击出来。轰击出来的电子进到二氧化钛半导体层内，又转移到紧挨着它的二氧化锡导电层中，形成电子流。这样，在里外两层玻璃上的二氧化锡就像一个干电池的正负极，带上了电，只要在这两个正负极之间连接上收音机和电灯泡之类的电器，就可以收听音乐和照明。

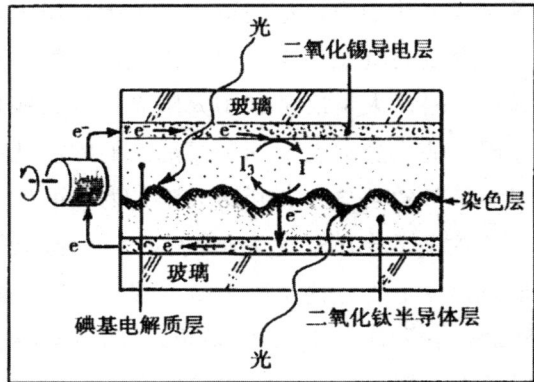

现在这种太阳能玻璃

简单的化学物质将双层玻璃转化为太阳能电池

板每平方米可以发出 150 瓦的电力。全世界的玻璃窗户要是都换上这种玻璃板，你想想会发出多少电？据格拉蔡说，用这种玻璃作窗户，安装起来也不费事，安一个窗户有两小时就足够了。当然，眼下这种发电玻璃还比较贵，但比现在常用的硅太阳能电池要便宜。而且预计，这种玻璃只要今后大量生产，成本会不断下降，因为制造这种发电玻璃的原料，包括二氧化锡、二氧化钛都是很便宜的。

62 消极怠工的"太阳能 1 号"

——寻找更好的接收阳光介质

20 世纪 70 年代，英美等发达国家被中东产油国的石油禁运搞得狼狈不堪。许多汽车因为没有石油，停在马路上，有的甚至要用马来拉走。这就是当时震惊世界的石油危机。发达国家为了摆脱石油危机，只得寻找替代能源。他们组织了一批科研人员想办法，以解无油之苦。

办法还真想出来了。太阳光这东西，到处都有，谁也禁运不了。于是这些科研人员决定利用太阳光这种天赐良"源"。经过十来年的努力，美国爱迪生公司在南加利福尼亚的沙漠地区果真建立了一座称为"太阳能 1 号"的发电站，利用太阳光的热能发电。

发电站建在荒无人烟的沙漠地带，道理很简单，因为那儿阳光充足，很少下雨，甚至阴天也不多。"太阳能 1 号"建起来后，相当雄伟壮观，它利用 1818 面太阳跟踪镜把阳光聚焦后照射到一座 90 多米高的塔顶上，塔顶有一个阳光接收器，接收器内有水，水被聚焦的阳光加热后变成水蒸气，然后利用这些水蒸气推动涡轮发电机发电。谁知"太阳能 1 号"建成后，并不像预想的那么"听话"，在试验过程中竟然动不

动就"闹情绪",稍不如意,它就"躺倒"不给发电。别说阴雨天阳光不足时它彻底"罢工",即使是晴天,只要稍有云层从电站上空飘过,塔顶接收器内的水就不变成蒸汽。涡轮发电机没有蒸汽推动,当然也就不转动不发电。结果,这个"太阳能1号"电站几乎成了摆设,中看不中用。

这个状况很使美国爱迪生公司的老板烦恼,为了解决"太阳能1号"电站"消极怠工"的问题,他们请来了美国桑迪亚国家实验室的太阳能热电技术专家来研究对策。专家们分析来分析去,觉得问题很棘手。因为水变不成蒸汽是云彩遮住了阳光的缘故,但人无法命令云彩躲开"太阳能1号"上空,它只听"老天爷"的。

但或许是天无绝人之路,在讨论过程中,有的科研人员忽然冒出来一个好点子,认为问题虽然是云彩挡住了阳光,但和接收器中的水也有关系,因为水储蓄热量的能力太低,它无法在阳光充足时"吃饱喝足"阳光热,有好些阳光热量白白流失了。他们设想,如果有一种吸热能力很强的东西代替水,把阳光出来时所有的热量都收集存储起来,也许问题就会解决。

于是他们决定用一种硝酸盐代替水作为接收阳光的介质。硝酸盐在常温下像珊瑚,在232摄氏度熔化成浆状物,能保存比水或油等液体高得多的热量。当把硝酸盐放在接收器中后,聚焦后的阳光可以把硝酸盐熔化,并使温度升高到556摄氏度。这时再把熔化了的高温盐抽到一个绝热的储存罐中,以便均衡地使用其中的热能,多余的热量就可以在有云的阴天甚至夜晚需要时从储存罐中提取出来,用来加热水产生蒸汽进行发电。这种熔融状态的硝酸盐在隔热的储存罐中能把吸收的太阳热能保持长达13小时。

美国爱迪生公司采纳了美国桑迪亚国家实验室专家的意见,在原来的"太阳能1号"的地址上,又将兴建一座10兆瓦的"太阳能2号"发电站,预计近几年即可建成,然后,再建一座更大的100兆瓦的太阳能发电站。到时候,用硝酸盐作为储存热能的"太阳能2号"发电站,

是否能干得比"太阳能 1 号"发电站要积极些，就要接受实践的检验了。

63　阳光与水停止敌对行为

——烈日造冰

炎炎烈日，可以把冰块化成水，聚焦的阳光还可以把水煮开，这已经是很普通的常识了。要说灼热的阳光可以用来制造寒冷的冰块，似乎不可思议。在热带地区或在航行于赤道附近的海船上，冰是非常宝贵的，因为冰可以防止食物腐烂变质，可以使捕捞到的海产品保鲜。但正是炽热的阳光最能"摧残"这些冰块，这很使渔民们恼火。

有些科学家想，能不能让阳光和水停止敌对行为，不要那么水火不容呢？你或许以为这种想法太不切实际，是痴人说梦话吧。其实不然，科学家的思路是很正确的。

太阳当然不能直接制造冰块，但可以"曲线"造冰。比如，用电冰箱造冰，就是"曲线"造冰。电是一种能量源，它可以使电灯发光，使电炉发热，也能让冰箱造出坚硬的冰块来。电是能源，太阳也是能源，既然电可以造冰，太阳光为什么不能造冰呢？

因此，从理论上说，太阳光是完全可以造出冰块来的，其中一个方法是使太阳能通过光电池把光变成电，再用电来开动冰箱造冰。但这个方法要使用大量的光－电转换材料，成本高。为了让渔民都能买得起，法国一家船舶公司的科学家决定研究新的太阳能冰箱。经过许多失败和挫折，一种太阳能自动制冰机——太阳能冰箱终于成功研制出来了。

这种太阳能自动制冰机，外形像一个恒温箱，但既不用电，也不用

烧油。它就靠一个太阳光接收器，在接收器里装有许多活性炭颗粒，活性炭中有许多小孔，孔的直径是百万分之二十五毫米，所以1克重的活性炭中孔的面积加起来很大，有1000平方米，相当于一个网球场面积的1.5倍。在这些活性炭的孔中"灌进"甲醇，就像海绵吸水一样，活性炭可以吸进好多甲醇。

甲醇起什么作用呢？它和电冰箱中的制冷剂氟利昂的作用是一样的。在夜晚没有太阳时，因气温下降，接收器内的活性炭颗粒就吸进液态的甲醇；白天，太阳能接收器被太阳一晒，活性炭颗粒中的甲醇就变成气体，甲醇汽化和电冰箱中的氟利昂一样，就会大量吸收周围的热量，起到冷却作用，把电冰箱中的水逐渐冷却，直到变成冰块。

汽化后的甲醇流到制冰箱的冷凝器中，又会因受冷而变成液体，夜晚时液态的甲醇又被活性炭颗粒吸进小孔内，每天就这样日夜循环制冰。这种制冰机的优点是不用电，而是利用"天赐"的太阳光"良源"。但也有一个缺点，就是在阴天时，因活性炭中的甲醇不能汽化吸热，也就不能制造冰块。因此，这种太阳能冰箱只有在阳光充足的地方才有用武之地。现在，非洲、波利尼亚和沙特阿拉伯已经有许多台这样的太阳能冰箱在制造冰块。

用太阳能制造冰块，初看似乎不可能，但科学家却将它变成了现实。这说明，科学技术是多么有威力，也说明，知识就是力量，只要我们掌握了科学知识，就什么困难也难不倒我们。

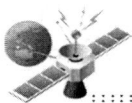

64 无污染的理想燃料

——将水变成能源

1986 年，在维也纳召开了一个"21 世纪最重要的能源"学术讨论会，参加会议的有来自世界各国的 400 多名科学家。会上，瑞典的一位叫奥洛夫·戴克斯罗姆的科学家作了一个精彩的学术报告，并详细介绍了他是怎么用水生产可以开汽车和烧火做饭的燃料的。

你也许会奇怪，水能用来烧火做饭，能开汽车吗？直接用水当然不能烧火，也不能开汽车，但要知道，水是氢和氧的化合物，只要把水分解变成氢和氧，氢就是最好的能源，因为它燃烧后不产生污染，只产生水蒸气。

但是分解水是需要能量的，如果分解水得到的氢，再燃烧时释放出的能量只是和分解水时所消耗的能量相当，甚至于更少，那就得不偿失。所以用水生产氢能的方法在很长一段时间因为没有实际价值而无人感兴趣。

但人总是有办法的，在能源日益短缺的今天，科学家们的聪明才智终于有可能实现用水生产燃料的设想。戴克斯罗姆就是具有这种才智的聪明人。他是怎样用水生产燃料的呢？

戴克斯罗姆先制造了一台风力发电机，然后用"天赐"的不用花钱的风力带动这台风力发电机发电，再用得到的电能把水电解成氢和氧。戴克斯罗姆将氢注入经过改装的氢气发动机汽车储氢器中，将氢作为燃料，代替汽油开动汽车。此外，他家中的炉子和取暖用的燃料，也使用自己用风力制造出来的氢。

戴克斯罗姆的这一方法是一个绝妙的能源利用和开发的成果，因为用来分解水的能量取自天然的风力，而水，尤其是海水可以说是取之不尽的。这样，氢就有了可靠的来源，而且氢燃烧后又变成水，如此循环不已，是一种最理想的能源。它还可以彻底解决有害气体污染大气的环境问题，只要燃烧的是氢，就不会排放二氧化碳、二氧化硫及氮氧化合物等有害气体。因此，近年来世界范围内研究氢能的热潮一浪高过一浪。

1990年，德国建造了一座太阳能制氢实验性工厂，它利用太阳能发电，再用这些电把水分解成氢和氧，从而开创了用水和太阳能生产出氢燃料的历史。不久，在中东沙特阿拉伯的首都附近，也建造了一座太阳能制氢厂，太阳能使该厂生产出350千瓦的电力，然后用这些电力将水电解成氢和氧。

德国的奔驰汽车公司和巴伐利亚汽车厂还组建了一个汽车队，准备专门用水分解出来的氢气充当汽车发动机的燃料。

尽管现在用水生产氢燃料的工程在全世界仅仅是开始，但是科学家们充满了信心，一定在不久的将来，让太阳能、风能这种天赐良"源"把水一分为二，生产出用之不尽的无污染的理想燃料来，使全世界沐浴在清洁的空气之中。

65 不必采用电解的方法

——阳光制氢装置

在研究将水分解制氢的思路中，日本的一些科学家又产生了另一种思路——不去采用电解水而得到氢和氧的方法。其中，日本理工化学研

究所在这方面的研究可以说是走在了世界前列。

20 世纪 80 年代中期，科学家曾通过太阳光中的紫外线照射实现了使水分解制氢的发明，但是，紫外线仅是太阳光中的很小一部分非可见光，大部分可见光没有得到应用。于是，日本理工化学研究所的太阳光能科研小组在金子正夫的领导下，开始了利用可见光分解水制氢的研究。1989 年，他领导的科研小组首次实现了利用太阳可见光分解水而获得洁净氢能源的突破。

金子正夫发明的这种技术不是把可见光能先变成电能，再用电能来分解水，而是直接用可见光的能量使水变成氧和氢，氢作为化学能储存起来。其方法是：在硝酸钾（电解质）水溶液中浸入一根 N 型硫化镉半导体电极和一根纯铂电极，然后用电线把这两根电极连接起来。这样装备好之后，把阳光收集器聚集的阳光照射到硫化镉半导体电极上。由于这种半导体具有一种特殊的性能，当它一与阳光中的可见光接触，就能产生出电流。因而就在硝酸钾水溶液中引起电解反应，使水分解成氢和氧，氧从硫化镉半导体电极上产生，氢则从铂电极上产生。

这种方法看起来与电解原理相同，但它的独特之处是，虽然在电路中有电流通过，却不是使用电池等电源，而是使用遇到可见光后就能流出电流的半导体作电源。因此，硫化镉半导体是使光能转变成氢能的关键材料。

可是，硫化镉有一个缺点，它在水中遇到可见光时虽然产生电流，但自身也会逐渐在电解液中溶解掉。金子正夫对此感到沮丧，为防止硫化镉的溶解，他分析了硫化镉为什么会溶解的原因，最后认为，硫化镉的溶解与水分子在获得电子后具有活性催化作用有关。为了防止溶解，就必须使水和硫化镉分开。这可是一个很大的难题。为此，金子正夫的科研小组整整用了两年的时间才找到一种加入钌红的高分子膜，用这种膜覆盖在硫化镉电极上，把水和硫化镉分开，终于防止了硫化镉的溶解，而且这种钌红高分子膜还有促进水分解的作用。

用这种方法分解出来的氢可以在现有的内燃机中作燃料，也可以和

甲醇或石油一起作混合燃料使用。

66 将黑夜变为白昼

——人造月亮悬在太空

　　将来，你如果喜欢总是白天的生活，也不一定办不到，但这和所谓的不夜城不同。现在许多城市，夜间灯光辉煌，如同白昼，但那是电灯照明，要消耗好多电能。这里介绍的黑夜变白天，是说到了夜晚也可以见到真的阳光。

　　1992 年 11 月，俄罗斯的一艘宇宙飞船把一面能够反射太阳光的太阳伞似的镜子带到距地面 350 千米的宇宙空间，在那里把阳光反射到伸手不见五指的北极，使北极的夜间和白昼毫无二致。当然，因为是初次实验，这面太阳伞似的反射镜直径只有 20 米，照亮的地方不太大。但它向世界证明，把夜间变白昼是完全可能的。

　　人要睡觉，黑夜是人们正常生活需要的一种环境，何必非要花那么大力气发射太空伞式阳光反射镜呢？岂不是多此一举？其实不然，有时黑夜还真的极需要阳光照明。比如，在发生大的地震和特大洪水时，需要日夜连续抢救灾区人民的生命和财产，但强烈地震和洪水常常能摧毁发电厂，那时夜间就只能处于黑暗之中而使人们寸步难行，一切抢救工作就会被迫停止，这会造成本可以抢救的生命财产进一步损失。因此，黑夜变白昼的愿望常常在科学家的头脑中涌动。

　　但是，这个美好的愿望在人类能发射人造卫星之前是根本做不到的，而自从有了宇宙飞船之后，实现这一愿望就比较有现实性了。

　　俄罗斯科学家使北极的黑夜变为阳光灿烂的实验获得初步成功。他

们利用一艘叫"进步号"的无人驾驶小飞船，从已处于太空的"和平号"空间站上脱离，在离开"和平号"空间站12分钟后，在距空间站160米的地方，"进步号"小飞船开始以每秒570度的速度旋转，产生离心力，使上面的一面折叠伞式的太阳反射镜展开成形。在3～5分钟后，在距"和平号"空间站320米的距离时，折叠的反射镜完全张开。然后小飞船的旋转速度降低到每秒84度，这个速度足够使反射阳光的伞处于绷紧状态，这时，反射镜把阳光反射到北极，照亮了处于黑夜之中的地面，人们将它称为"人造月亮"。

这次试验成功后，俄罗斯的空间科学家又开始制订更长远、规模更大的计划，准备在围绕地球的1550～5530千米的高空中，布置100面这样的太阳反射镜。它们既可以照亮地球，使黑夜变白昼，还能把阳光聚焦成光束，照射到飞船的太阳能电池的帆板上，作为能源来推进飞船，或者用光束的热能，烧毁留在空间的各种太空垃圾（包括各种在太空报废的卫星、火箭残骸和其他碎片），以保证正在运行中的宇宙飞船的安全。

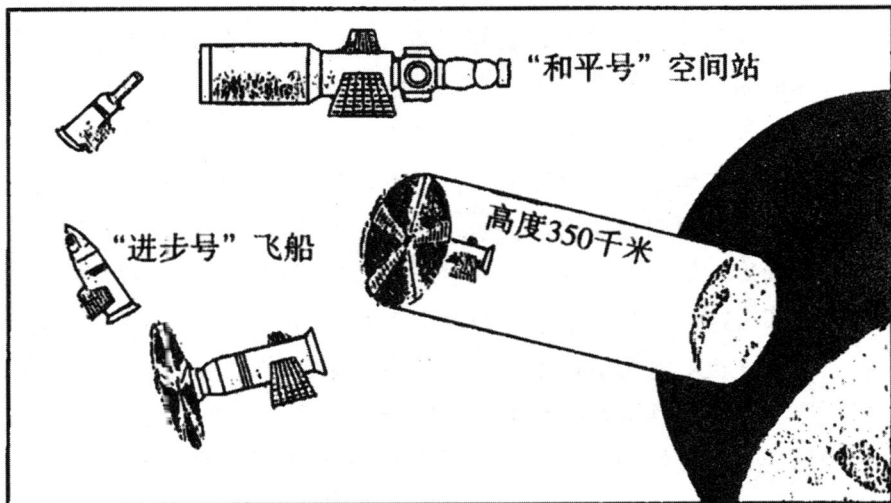

"人造月亮"能照亮俄罗斯的北部城市

67　大楼墙壁的新装饰

——墙上建造发电厂

　　一提起发电厂，人们通常想到的是火力发电厂高耸的烟囱、巨大的冷却塔、隆隆作响的发电机；或者宏伟的水力发电站，高大的水坝和波光粼粼的水库。火力发电厂为工业农业提供了绝大部分电力，但同时也吐出了大量的烟尘和废气污染大气，并占去许多宝贵的土地；水力发电虽然不燃烧任何矿物燃料，但它只能建在有河流并且水位落差比较大的河段，在没有河流或者水流平缓的地方是无法建造水力发电厂的。

　　但有一种能量却到处都有，这就是阳光。因此在能源短缺的地方，能源科学家就费尽心机打阳光的主意。有些主意你听了不能不拍手叫绝。有一个挖空心思利用太阳能的故事，也许你会感兴趣。故事发生在英国纽卡斯尔的诺森伯利亚大学。这所大学有一座大楼，由于年代已久，日晒雨淋，大楼原来的表面装饰已经黯然失色，显得破旧不堪，和这所高等学府的其他建筑物很不协调，因此校方决定出资重新进行装饰。

　　这件事被纽卡斯尔光伏应用中心的负责人知道了，他叫鲍勃·希尔，是一位太阳能利用专家。他立即和诺森伯利亚大学交涉，建议他们不要花钱装饰，而由他在大楼向阳一面的墙上修建一座小型发电厂。这座发电厂不仅能发电，还能充当大楼的装饰保护层。这事听起来真是玄乎，墙上怎能建发电厂，电厂又怎能当装饰物呢？

　　希尔解释说，现在生产太阳能电池板已经不是纸上谈兵可望不可即的事了，在航天器和其他许多地方已成功地使用太阳能电池板发电，并

提供了可观的电力。电池板可以做得很薄，将它们"贴"在大楼的向阳面，既可以利用阳光发电，又可以充当别具一格的装饰层。这个主意立即得到校方的同意。

于是，希尔根据大楼向阳一面的面积，定做了许多硅半导体太阳能电池板，镶在了大楼的向阳面。这些电池板在夏季阳光充足的日子里，可以产生 40 千瓦的电力，这一功率实际上相当于一座小型发电厂。1995 年 1 月口旬，这个贴在墙上的发电厂还真的正式开业了。不过 1 月正是英国的冬季，阳光比较弱，只产生了 18 千瓦的电力。但这也是非常有意义的事。希尔采用的硅半导体太阳能电池板有比较高的光—电转换效率，可达到 17％。也就是说，用这种电池板，每 100 瓦的太阳光能可以得到 17 瓦的电能。如果用一种叫砷化镓的半导体太阳能电池板，那么效率会更高，最高的可达到 25％。但这种半导体电池板现在比较贵，一时难以推广。

能源科学家认为，如果在每座建筑物向阳一面的墙上都能贴上太阳能电池板，那么全世界由这些"墙上发电厂"提供的电力将是非常可观的，对缓解世界能源危机必然起到不可低估的作用。

除在大楼向阳面安装太阳能电池板外，屋顶也是建造太阳能发电厂的好地方。在德国，已开始实施一个屋顶阳光发电计划，就是在大批建筑物的顶上安装太阳能电池板，然后把它们发出的电力联成网，这样就能积少成多形成规模，以解决城市供电不足的难题。

68 利用阳光驱动

——太阳能火箭

火箭和飞机都能在天上飞，但火箭发动机和飞机发动机的本领却不相同。飞机发动机只带燃料，不带液氧一类的氧化剂，燃料全靠从大气中得到的氧气帮助燃烧，产生推力使飞机上天，因此飞机在没有空气的太空是飞不了的。火箭就不同，因为它不仅带燃料，还带助燃的氧化剂，因此可以在没有空气的太空飞行。

但正是由于火箭带了大量氧化剂，重量就大大增加，从而使火箭的成本大大增加。现在有许多卫星，如通信卫星，需要发射到与地球相对位置保持静止的轨道上，这样就必须把卫星送到赤道上空约3500千米的位置。这么远的距离，当然就需要带很多的燃料和液氧一类的氧化剂。因此在发射通信卫星时，火箭的个头就特别大，即使如此，现在有些火箭还是缺乏足够的动力能够做到一次启动就把卫星送到这么高的地方。

因此现在常常采取"两步走"的办法，也就是从地面发射一枚火箭先把卫星送到低空的临时轨道上，再由另一枚附在卫星上的火箭发动机再点火，把卫星送到高空的最终轨道上。实际上就是要采用上下两级火箭。而这种火箭通常都属于化学火箭，即是通过燃料和氧燃烧的化学能转变为热能，生成高温燃气，经喷管膨胀加速，再将热能转化为气流动能，以高速（1500～5000米/秒）从喷管排出产生推力。

为了减轻火箭的重量，火箭专家早就提出过用太阳能作动力推进火箭的设想，但这种设想因太阳能转换材料不理想，得不到足够的功率而

长期得不到实现，一直处于试验之中。直到 1995 年，这个设想才有了眉目。

1995 年 10 月，美国航空航天局（NASA）和一家航天航空公司合作，研制出一种太阳能火箭，称为"太阳能上段火箭"，它虽然不能独立地把卫星送上天，但可以代替以往使用的第二级化学火箭。这种太阳能上段火箭装有两面可充气的反射镜，能把阳光聚焦在一个液氢源上，使氢加热到 2300 摄氏度以上，然后将热的氢气送到喷管，产生推力使卫星继续飞行。两面阳光收集器反射镜和支撑它的梁是用一种柔性材料制成的，它可以在太空中充气变硬。采用可充气的材料做收集器反射镜和支撑梁，是因为这种材料在地面时可将它们卷起来装进一个小小的空间，这比用普通的刚性材料制成的反射镜和支撑梁要节省很多空间，减少发射时的体积。

按美国航空航天局喷气式推进实验室新概念小组领导人内维尔·马斯威尔的意见，太阳能上段火箭将比同样功率的传统化学火箭小得多，这样可以用较小而便宜的第二级火箭机动地操纵宇宙飞船，把发射一枚卫星的费用降低 1.5 亿美元。

马斯威尔认为，太阳能上段火箭可以和单级入轨火箭很好配合。单级入轨火箭是航空航天局设计的一种可重复使用的火箭，但它只能把卫

可充气变硬的反射镜

氢箱

反射的阳光加热氢气推动火箭

星送到低空临时轨道。而太阳能动力第二级火箭可以在单级入轨火箭达到的临时轨道上，把卫星送到最终的高空静止轨道上。预计这种太阳能火箭在 20 世纪末可开始太空试验。

69　没有窗户的大楼

——向日葵式太阳能装置

世界上有些事，真是"不看不知道，一看真奇妙"。1988 年，在日本东京建起的一幢 6 层楼的房子，却没有一个窗户，每个房间都是"封闭式"的。可是，这幢楼的办公室及每个房间里养殖的各种鱼类和植物，却都生长在阳光下，这些阳光是怎么来的呢？

日本富列特公司有一位叫茂利的董事长，是一位利用太阳能的专家，他喜欢别出心裁，经常有些"奇思妙想"，这幢没有窗户的楼房就是他设计出来的杰作。他知道，太阳能虽好，但要利用却不太容易，阴天不用说无法利用太阳能，就是晴天，也要"抓紧时间"。他看到，许多安在楼顶上的太阳能热水器是"死的"，只有中午十二点左右正对着太阳时才灵。如果你想洗热水澡，最好在中午或下午，要不，就真是"过了这个村没有这个店了"，热水就要变凉。于是，他想起了向日葵的花盘，这种植物的特点就是从早到晚总是面对太阳，吸收着阳光的能量。人类为什么不能学向日葵呢？从此，他就想如何去充分利用太阳每时每刻发出的阳光和热量。大家知道，有窗户的房子，房内的热就会通过窗户向外散失，于是他决定建造没有窗户的房子。可是没有窗户，别说夜间，就是白天也会"黑灯瞎火"，安上电灯又会耗电。但茂利想出了一个很好的解决办法。

茂利在楼房的顶上安了一个太阳能收集器，这个太阳能收集器是"活的"，它能跟着太阳转动，太阳移到哪里，它的 19 面向日镜就紧跟着向着太阳，让阳光始终对着向日镜，一刻不停地收集着阳光及热量。

向日镜为什么能始终向着太阳呢？原来每面向日镜都用一台计算机控制两台马运与太阳同步转动。当太阳被云彩遮住时，向日镜就靠一个钟表装置来带动。因此只要太阳一露出云彩，向日镜立即就能对着太阳，做到"寸步不离"；日落之后，计算机又将向日镜转向东方，等待第二天黎明时迎接升起的红太阳。

但这套向日葵式的太阳光收集装置，只解决了收集阳光和热量的问题。怎样才能让没有窗户的房间亮起来呢？

茂利不愧是一位现代的科技专家，他非常善于利用现代的先进技术。他想了一个绝妙的办法，即在楼房的每个房间里安了由 37 条光导纤维组成的光缆，光缆一端的开口和楼顶上的向日镜的聚焦点重合起来。大家知道，光导纤维能把光线从一端传到另一端，而且像电线导电一样，中间不怕拐弯，即使是曲里拐弯，光线也能畅通无阻通过。这样，楼顶上向日镜所收集的阳光就像电流一样通到各个房间，把房间照亮。

茂利建起的这个向日葵式的太阳能装置，用约 40 米长的光导纤维把阳光传达到每个房间里，亮度相当于一个 100 瓦的灯泡。更有趣的是，这种光导纤维只传送可见光，而阳光中的大部分不可见光（紫外线及红外线）则通过聚光镜过滤掉了，不会进入光导纤维内。经过过滤的阳光，有害处也有好处，但利多弊少，缺点是没有了红外线，减少了热量的传送；但没有了紫外线后，也就减少了紫外线对生物组织的破坏和对表皮的伤害，对植物生长较为有利。

这种向日葵式的太阳能装置对建立各种地下设施或生产基地极为有用，因此受到许多人的关注。

70 太阳的能量哪里来

——科学家揭开奥秘

太阳是一个巨大的取之不尽的能源库，无时无刻不在向四面八方放射光和热。它每年仅是投射到地球上的热量，就相当于燃烧 90 万亿吨煤。太阳的这些能量是怎样来的呢？有很长一段时间，这个问题一直没有人能作出满意的回答。因为要搞清太阳光芒四射的原因，最可靠的方法是到太阳上去取一些东西进行化学分析。但这根本办不到，因为地球距太阳有 1.5 亿千米，别说飞不到太阳上去，就是能飞到，还没等你挨近它，你就已经变成灰烬了，因为太阳表面的温度高达 6000 摄氏度。

所以直到 1825 年，有一位叫孔德的法国哲学家说："想知道太阳的化学成分是不可能的。"不过孔德不是一个高明的哲学家，在他死后不到三年的 1859 年，德国化学家本生和物理学家基尔霍夫就发明了一种光谱分析方法，从太阳的光谱中可以在地球上就测出太阳上有什么元素。他们从太阳光谱中知道，太阳上有钠、铁、氢、钙、镍等许多元素。可是这些元素地球上也有，为什么不能像太阳一样发亮光、"发高烧"呢？问题还是没有搞清楚。

有些人设想过，太阳上也许是有许多煤在燃烧，但是按照太阳每分钟所发出的热量进行计算，即使太阳是整块大煤炭，这么不断地燃烧、发光、发热，也只能烧 5000 万年，可太阳的年龄按当时的科学家推算，已经是 2200 万年，所以肯定太阳的能量不是由煤燃烧发出的。此外，说太阳的年龄已有 2200 万年，是按德国科学家赫尔姆霍茨根据太阳发热是它本身不断收缩引起的这个假说推算出来的，这一点后来也有人怀

疑，因为 1935 年英国科学家霍姆斯已用地球上最古老的岩石测出，地球的年龄就至少有 35 亿年。地球是太阳的行星，岂有"儿子"比"老子"的年龄还要大的道理？所以太阳为什么能发光发热的问题似乎变得更加神秘莫测了。

1919 年，在没揭开太阳能的奥秘之前，英国物理学家卢瑟福第一次用人工实现了原子核反应。他试验把一种叫 α 粒子的射线打进别的原子核内，看看会发生什么变化。结果意外地发现，每秒钟达到上万千米的高速的 α 粒子打入别的原子核内时，能产生新的原子并放出极大的能量。如 α 粒子打进铝原子核内后，铝竟变成硅，并放出比燃烧同量的煤大 70 万倍的能量。

这一成果给揭开太阳能的奥秘提供了非常有利的线索，科学家想：既然核反应能放出如此大的能量，那么太阳上的能量是不是也是核反应引起的呢？因为太阳表面温度高达 6000 摄氏度，燃烧煤肯定达不到这么高的温度。而太阳上的各种原子在极高的温度下，外层的电子都脱离了原子核，原子核以极大的速度相互碰撞，完全有可能发生核反应。

1938 年，美国的贝特和德国的魏扎克终于证明，太阳能是由氢而来，但不是氢和氧燃烧时产生的光和热，而是氢原子核在高温高速运动条件下产生聚合成为氦元素的核反应引起的。在这种核反应中，1 克氢全部变成氦，所放出的能量（4 个氢原子聚变成 1 个氦原子）可以使 400 吨冰变成蒸汽，而 1 克氢和氧燃烧只能使 47 克冰变成蒸汽。说明太阳上的热核聚变反应放出的核能比化学反应放出的化学能高 850 万倍。太阳能的奥秘终于揭开了。据计算，太阳上的氢聚合成氦的热核反应已进行了 50 亿年，以后至少还能继续 50 亿年。

71　利用潮汐收复台湾

——潮汐在军事上的应用

在明代，台湾还处在荷兰殖民统治者的铁蹄之下，为了收复台湾，无数热血军民付出了生命，但终因台湾海峡太宽，荷兰殖民者防守严密，而未能成功。郑成功是一位出色的爱国军人，并有着丰富的航海知识，对海洋的潮汐规律也十分熟悉。他决心不惜献出生命也要收复台湾。

1661年4月30日中午，郑成功率领2.5万名官兵乘大小战船几百艘，由金门出发，横渡波涛汹涌的台湾海峡。经过一天的航行，他们到达澎湖列岛，准备从台南地带的海岸登陆，而荷兰人曾在这一带海岸建造了许多炮台，把守着战船必经的南航道和北航道。

不过，封锁北航道的炮台在1656年7月就被暴风袭击而倒塌了，荷兰侵略军就把许多破船沉入北航道，在海底成为通航的障碍物，使船只难以通行。因此，荷兰侵略军认定郑成功不会也不可能从北航道登陆，因此未加防范。

这些盲目自大的侵略者没有料到的是，郑成功却对此早有准备。他决定出其不意，就从北航道进攻，打他们一个措手不及。你也许会说，北航道已经被大量沉船堵塞，怎么能从这里进攻呢？

这正是郑成功的高明之处。原来，郑成功对海洋的潮汐规律非常了解，他知道，虽然北航道中有沉船，在退潮时水深还不到3米，但在涨潮时水深可达4～5米，几乎任何大小战船都可以通过。

因此，郑成功决定利用潮汐涨落的规律从北航道进攻荷兰侵略军。

他经过周密调查后，选定在 1661 年 4 月 30 日开始进攻。这一天，郑成功命令官兵天亮时把船队开到北航道的鹿耳门港外等待，几小时后，正如郑成功所预料的一样，潮水开始上涨，不多久就达几米之高。结果，全军在不到两小时内，大小战船全部通过北航道，顺利登上了台湾岛。

郑成功率军登陆后，经过 9 个月的战斗，终于在 1662 年 2 月 1 日迫使荷兰侵略军投降，台湾宝岛从此回到了祖国的怀抱。这是我国著名军事家郑成功利用潮汐从荷兰侵略者手中收复台湾的一段历史。

在 20 世纪也有利用潮汐进攻敌方的战例。比如，1939 年，第二次世界大战初期，德国曾利用北海到英吉利海峡的潮流，放置水雷，袭击当时在夜间出入英吉利海峡的英国船只。同年 10 月，德国的一艘潜艇偷偷进入英国海军基地佛罗港，把吃水量两万多吨的英国军舰"皇家橡树号"击沉，然后安全潜回。

但要在海战中巧妙利用潮汐能，必须详细掌握海区的地形和潮流的资料，才能取得成功，这就需要对潮涨潮落的规律进行深入的调查和研究。

72　潮起潮落威力高

——江厦潮汐发电站

到过海边的人，都见过海水时而上涨，时而下落的景象。在我国闻名中外的钱塘江入海处，你会看到一种极为壮观的"钱塘江怒潮"；在我国的长江，也能看到从入海口深入到内陆达 600 多千米的长江潮。这些自然景象都是由一种叫潮汐的能量引起的。潮汐，就是地球上的海水受月球和太阳的引力而引起的潮涨潮落，是一种自然力。潮汐中蕴藏着

巨大的能量，可以把海水掀起，形成高达几层楼高的海浪。晋朝有位叫葛洪的学者，他在观看了钱塘江的怒潮后，在《太平御览》一书中形象地描述了潮汐的威力。他说："潮水从东边的大海而来，到狭窄的海湾后受到限阻，由直而曲，但其力量不减，因此潮头高涌，而形成怒潮。"怒潮咆哮时，可以掀起三层楼高的水浪，轰鸣声如雷贯耳，势不可挡。

我国有长达 18000 千米的海岸线，据科学家计算，每年至少在潮汐中蕴藏着 1.1 亿千瓦的能量，而可以用来发电的潮汐能约有 3400 万千瓦。我国有利用潮汐能的悠久历史。距今约 1000 年，我国山东蓬莱地区就有一种潮汐磨，能利用潮汐的能量推动磨盘加工谷物等粮食。

到了近代，科学家就设想利用潮汐的涨落来推动发电机发电，潮汐发电的原理和水力发电的原理是一样的，都是用水的力量带动发电机中的涡轮转动。1912 年，德国的布苏姆建成了世界上第一座潮汐发电站。

我国有漫长的海岸线，新中国成立后，国家非常重视利用潮汐能，相继在广东顺德、东湾，山东乳山，上海崇明和浙江建造了大小不等的潮汐发电站。

在浙江省乐清湾北部的温岭县内，有一个理想的海湾，这里的潮汐一起一落，最大的潮差高达 8.4 米。你想想，当潮水从 8 米多高的地方下落时，该有多大的力量！就和瀑布差不多。我国的水力发电专家看上了这个宝港，于是在港湾的狭窄处，筑起了一座 670 米长，5 米宽，16 米高的坝，然后在高坝中安装上一排排水力发电机。当海水涨潮时，潮水就涌进了港湾，推动安在坝上的水力发电机发电；当海水落潮时，滞流在港湾内的水位就比港湾处海面的水位要高，因此，开闸放水时，港湾内的水又向海中流去，又可推动水力发电机发电。这样，海水一涨一落，就像左右开弓一样，驱动着安在港湾水坝上的发电机发电。既不用烧煤，也不用烧油，就可以靠大自然的力量来发电，给人类带来光明。

浙江省乐清湾的这座潮汐发电站叫江厦潮汐发电站，从 1973 年 4 月开始设计施工到 1985 年 12 月全部建成，使 5 台水力发电机开始正式发电。自 1986 年起，已发电 3200 万千瓦以上，它的功率仅次于法国的

朗斯潮汐发电站和加拿大的安娜波利斯潮汐发电站。

由于我国现有能源远远满足不了工业发展的需要，江厦潮汐发电站的建造，为沿海丰富的潮汐能的利用树立了一个榜样。加速对沿海潮汐能的开发，无疑会为这些地区提供成本低廉的电能。

73 冲浪激起的灵感

—— 海浪发电

在电视上你一定见过冲浪这种体育运动，海浪时而把运动员推向浪尖，时而又跌落到浪谷，这就是海浪的振动产生的威力，冲浪运动员就最爱享受这种威力的刺激。但能源专家感兴趣的却在另一方面，他们望着那汹涌起伏的海浪，激起的却是另一种灵感。能不能利用海浪振动的能量来发电呢？美国新泽西州普林斯顿海洋动力技术公司的科学家乔治·泰勒领导的科研小组，就是迸发这种灵感的一群人。

最近，他们还把这种灵感变成了活生生的现实。说起来简单，但实现这一灵感没有深厚的科学知识根底是办不到的，只有博学多才的人才有这个本事。海洋动力技术公司的这批科学家得知材料学家已研究出一些压电聚合物后，就设想出利用压电聚合物在海浪中发电的崭新方法。压电聚合物是一种神奇的材料，它的特点是：如果在这种材料上施加一个压力或拉力，它就能产生电荷。

最早发现这一现象的是法国科学家 P. 居里和 J. 居里兄弟。1880年，他们在研究石英晶体时，偶然发现石英晶体在受到压力时，它的表面就产生电荷，而且压力越大产生的电荷就越多，这就叫压电现象。具有这种现象的材料叫压电材料。但在 20 世纪 90 年代之前，人们发现的

压电材料大多是陶瓷，后来才发现有些有机聚合物也有压电现象。

说通俗一点，你若在一根用压电聚合物做的缆绳两端一拉一松，它就会产生出电来。要说清楚为什么一拉一松就会发电当然比较复杂，但你只要想一想，用布摩擦玻璃棒也能产生吸引纸屑的静电，你对这种神奇的材料的性能也就不会感到惊奇了。

现在来介绍乔治·泰勒他们是怎样用压电聚合物让海浪发电的。其实说起来这方法也很简单，就是把压电聚合物安装在海上的一个巨大的浮体里，浮体下面有一个锚，锚链把锚和浮体连在一起，这样，浮体虽然可以被海浪冲击着不停地浮动，但有锚链用锚牢固地插在海底，可以不会被海浪冲走。当浮体随着海浪上下浮动时，安在锚链内的压电聚合物就在浮体和锚之间时而被拉伸，时而被放松。这样，海浪的"拉拉扯扯"就产生了一种低频高压电，这种低频高压电通过一些电子元件变成

各种形式的海洋波浪发电

为高压电流通过水下电缆送到岸上。

现在，乔治·泰勒的科研小组已试制出 1～10 千瓦的小型实验性海浪压电发电系统。1995 年年底，1 千瓦的海浪压电发电系统已代替在墨西哥格尔夫近海油田钻井机上的柴油发电机发电。下一个目标是研制 10～100 千瓦的海浪压电发电系统，用它们发出的电力供给海上气象浮标和导航浮标的照明及其他装置的用电。

以后，乔治·泰勒准备在美国建立更大的海浪发电系统。例如，计划中的一个系统可以达到 100 兆瓦的功率，它的浮体就可以覆盖大约 7.7 平方千米的海面，发出的电力足够供一个两万人的城市用电。泰勒说，由于海浪是免费的，压电聚合物这种材料又非常耐腐蚀，在海水中即使浸泡 20 年也不会损坏，因此它的发电成本很有竞争力。估计在海浪大而平稳的海区，每千瓦时的电价只需 1～3 美分。

74　躲到海浪下面

——别出心裁的波浪发电装置

乔治·泰勒发明的海浪压电发电系统不愧是一种新奇的利用海洋能的装置。但有人认为，他的装置和以往的各种波浪能发电系统一样，都是浮在水面上的，因此容易受到海上暴风雨的袭击而损坏。

人们不能命令"老天爷"不许刮暴风，那么，怎样才能克服这些缺点呢？最近，荷兰阿姆斯特丹附近的皮尔默伦德技术协作公司的科研人员想出了一个高招儿。他们想：既然发电机"惹不起"海面上的暴风雨，难道还"躲不起"吗？于是，他们决定让发电系统"躲到"水面下去。

　　为了证实这个设想是否可行，这家公司的科研人员在 1996 年夏天制造了一台按比例缩小 20 倍的模型式海浪发电机，在荷兰的能量研究中心进行了实验。这种发电机称为"阿基米德波浪发电机"。因为它能躲在水下发电，所以海面上有再大的暴风也不怕。你一定会问，躲在水下怎么能发电呢？其实，这正是科学家的高明之处。

　　这个发电装置是由两个在水下 15 米深处的蘑菇形浮子和发电机组成的。在每个浮子内事先灌入一部分空气，两个浮子之间的空气内腔再用管子连接在一起。但每个浮子的底部是敞开的，这样海水可以自由地流进流出。

　　现在让我们来看看当海面上有波浪时，这台水下发电装置是怎样发电的。当一个波浪的波峰在一个蘑菇形浮子的上方通过时，因为是波峰，波浪就高，于是这里的水压就会增加。这样水就从浮子底部的开口流进了浮子的空腔内，并把其中的空气压进到连接管中，这样又会使浮子的浮力减少，于是浮子就下沉，并进一步失去更多的空气。

　　因为发电装置有两个浮子，只要浮子之间的距离选择适当，当一个波浪的波峰通过一个浮子上方时，另一个浮子的上方正好在波谷。于是在波谷下方的浮子受到的压力就减少，它就会通过连接管从另一个浮子内吸进剩余的空气，于是这个浮子的浮力就会增加而上浮。

　　这样，当波浪一起一伏在这两个蘑菇形浮子上方通过时，两个浮子就依次下沉和上浮反复运动。大家知道，凡是往复运动都能通过齿条和齿轮变成旋转运动，从而带动发电机发电。

　　这个称为"阿基米德波浪发电机"的实验模型已在 1996 年夏季成功地进行了试验。但真正的全尺寸的"阿基米德波浪发电机"是否会在实际使用中出现新的问题，还要进行更严格的验证。

　　现在，荷兰的皮尔默伦德技术协作公司正在筹集资金，准备在葡萄牙海岸附近建造一个 8 兆瓦的实验机。按该公司的计算，全世界有约 2 万千米的海岸线适合利用波浪能发电，而每千米海岸线蕴藏的波浪能估计可以发出 48 兆瓦的电力。

75 漂流瓶在海上漂流

——奇异的海流能

在海洋中，除潮汐、海浪外，还有一种不易察觉的海流动力，它曾引发了许多动人的故事。1856年，在大西洋比斯开湾的海滩上，一艘双桅帆船上的水手们偶然拾到一个外面涂满沥青的椰子壳。打开椰子壳，里面是一张写满了字的羊皮纸，但羊皮纸上记录的内容却是1498年著名航海家哥伦布在航行中给西班牙国王和王后的一份报告书。报告中记述了和他同行的一艘帆船沉没了，另一艘帆船上的船员又不听他的指挥"造反"了。哥伦布当时想借海流把藏在椰子壳中的报告书送到国王手中，向国王报告这起重大事件。谁知报告书并没有漂到西班牙，而是漂到比斯开湾的海滩上，在那里沉睡了358年之久。

航海的人和渔民，早就知道海洋中有海流这种动力存在，但对海流的规律并没有完全掌握，因此他们原以为利用海流当"邮递员"可以送信的办法，十之八九要落空，收信人通常都得不到信息。海流还经常制造一些吸引人的新闻。例如，美国《纽约时报》1992年9月27日就报道了一种由海流制造的新闻。说的是两年前的1990年5月

发现了海流运来的椰子壳

27 日，一艘叫"汉萨卡里尔"号的货轮在韩国海域驶往西太平洋的途中，因遇到风暴，甲板上的 5 个集装箱"葬身"海底，这 5 个箱内的 8 万双"耐克"鞋也随之付之海流，损失惨重。当时，大概谁也不抱希望能再见到这批"耐克"鞋了。

可是，从那以后，从加拿大的不列颠哥伦比亚省到美国的俄勒冈州沿岸，以及远在太平洋中部的夏威夷海滩上，不断出现数以千计的各式"耐克"鞋。

有两位海洋学家——西雅图物理海洋探测公司的柯蒂斯·埃布斯迈耶和詹姆斯·因格拉厄姆，得知这个消息后，便到处收集这些漂洋过海的"耐克"鞋，共收集了 1300 多只。这些鞋证实大洋中的确存在海流。海流不像陆地上的河流有明确的两岸，但是却像河流一样有比较固定的流动路线，因此才称为海流。世界上最大的海流有几百千米宽，上万千米长。例如，在北半球的中纬度海区里，被海上盛行的西风驱动着的海水，就形成自西向东的北太平洋海流。到达海洋东岸后，又各自分成向南和向北的两个支流。加上这一海域自西向东时没有海岸的阻挡，就形成了绕地球一周的超过数千米长的南极环海流。

因此过去许多人利用几百千米宽和上万千米长的海流来投递信件的做法，实际上很少有成功的。不过海洋学家从来没有放弃利用海流这种动力为人类服务的努力。比如，他们往海洋中大量投掷椰子壳或其他可漂浮的密封小瓶，里面放进卡片，写明投掷的时间和地点，并注明要求拾得者填写拾到卡片的时间和地点，以便根据这些资料了解海流的方向、路线和速度。据记载，在 1894～1897 年的 3 年中，人们就在海洋中投放过 3500 多个漂流瓶。

在 1962 年 6 月 20 日，有人在澳大利亚的皮尔斯投放了一批漂流瓶，经过大约 5 年，有一些漂流瓶流到了美国东海岸的佛罗里达州的迈阿密海岸。科学家们分析，这些漂流瓶是绕过好望角沿非洲西岸北上，然后横渡大西洋，中经巴西、墨西哥湾，穿过佛罗里达海峡到迈阿密海岸的，流程约 21000 千米，平均每天流动 14.4 千米。研究海流的规律，

对渔业、航海、排除污染和军事都有重要意义。作为一种特殊的动力，海流正日益受到人们的关注。

76 高峡出平湖

——修建三峡工程

水力是重要的能源和动力，它能为人类造福。尤其是法拉第发明了发电机和电动机，能把机械能变成电能，并能把电能远距离输送到任何地方后，水力的利用就出现了突飞猛进的发展，这就是利用水力发电。水因此而被看做是一种重要的、廉价的能源。

但是，水有时也是祸国殃民的根源，是"洪水猛兽"。在美国东南部有一条田纳西河，20 世纪 30 年代初，美国遭受空前的经济大萧条，田纳西河流域更显严重。这里，62％的人口以农业为主，而土地贫瘠，水旱灾害频繁，洪水过后，土地被冲刷，庄稼颗粒无收。为了改变这种状况，美国总统罗斯福在 1933 年向国会提出开发利用田纳西河流域的建议，并迅速被国会通过。

经过 40 多年的努力，田纳西河上建成了 35 座大水库和 8 座小水库，水力发电厂达 49 家。20 世纪 30～40 年代，田纳西州不仅彻底改变了面貌，荒滩变桑田，而且奠定了水力发电的基础，田纳西州从 40 年代末就成为美国电力的最大供应者。

美国从田纳西州的水力发电中获得的巨大收益，给有水力资源的国家提供了许多有益的经验。自从 20 世纪 70 年代发生石油危机后，世界上对水力发电的利用更进入了高潮。现在世界上有 7 个国家（挪威、扎伊尔、赞比亚、加纳、乌干达、老挝、不丹）几乎全靠水力提供电能。

到 1980 年，世界上建成坝高达 150 米以上的水库就有 65 座。到 1990 年，又建成 44 座。我国建成的大小水库也很多，但最引人注意的是世界瞩目的长江三峡，关于它的故事可以写成一本厚厚的书。

长江水养育了两岸的父老乡亲，但它也经常给中下游的人民造成巨大的灾害。因此革命先行者孙中山先生早在他的《建国方略实业计划》中就提出要兴建三峡大坝这一宏伟的水利工程。但孙中山的这一愿望没有实现，而是留给了新中国成立后的中国人民。1953 年，当时的国家主席毛泽东就专程视察过三峡。他在"长江"舰上望着滔滔的江水对当时的长江科学委员会主任林一山说："为什么不在三峡修一个坝卡住长江？""你能不能找个人替我当国家主席，我给你当助手，帮你修建三峡大坝呢？"后来，因为种种原因，三峡大坝的兴建久拖不决，他伤感地说："将来我死了，三峡修成后，不要忘了在祭文中提到我！"

1954 年，特大洪水袭击长江两岸，淹地 317 万公顷，淹死 33000 多人，京广铁路一百来天不能通车。肆虐的洪水使国家领导人建立三峡大坝的决心与日俱增。毛泽东在一首诗中描绘了三峡建成后的迷人情景："截断巫山云雨，高峡出平湖，神女应无恙，当惊世界殊。"读了令人万分感慨！

但要不要修建三峡大坝，在国内外的炎黄子孙中，也有不同意见。有一部分学者从自己对国家负责的角度，坚决主张不修三峡。他们主张不修三峡工程的意见推迟了这项伟大工程的进程，但同时也使坚决主张修建三峡工程的工程师们考虑问题更加细致和全面。

三峡工程久拖未修，给许多伟人留下了终身遗憾。在 1992 年全国七届五次人民代表大会开幕前夕，全国政协副主席王任重临终前向家属和秘书嘱托，要把他的骨灰撒在三峡大坝的坝址上。在 1992 年 4 月召开的全国七届五次人民代表大会上，终于决定将兴建三峡工程列入国民经济和社会发展十年规划。这一决定震动了全世界，更鼓舞了国内外的亿万炎黄子孙。

从 1992 年起的 15 年内，一座高 185 米，长 1983 米的拦洪大坝将

逐渐在湖北宜昌三斗坪高高筑起。除"截断巫山云雨",控制住武汉以上洪水来量的三分之二,保证下游两岸 1500 万人的生命财产安全外,三峡水库每年还可以发电 840 亿千瓦时,相当于 14 家装机 120 万千瓦的火力发电厂和 3 个年产 1500 万吨煤矿的能量。水力发电产生的电力可以送到华东、川东等广大地区,解决这些地区的能源短缺问题。

1998 年长江暴发的特大洪水,其来势大大超过了 1954 年的那次特大洪水,经过广大军民的奋力抢救,终于战胜了这场洪魔。同时也进一步说明,修建三峡工程,对解除来自长江上游的洪水的威胁,将发挥重大作用。

我国是水力资源最丰富的国家,居世界第一。但是水力能源的利用却居落后地位,水力能源的利用率仅达到 5％左右,其余的 95％白白地流失了。因此,加速开发水力能源将是未来能源工业的重要组成部分。但在选择坝址时要十分慎重,淹没的库区要尽可能没有森林和草地,以免产生有害的温室气体,如二氧化碳和甲烷等。

77　神秘的杀鱼事件

——水力发电也要避免污染

1993 年,在巴西一个叫巴尔比纳的大水库内,发生了一起令人奇怪的"凶杀案":成千条游弋在水库中的活鱼,在一声巨响之后,全部死于非命。调查结果,既没有发现有人用炸药炸鱼,也没有人投毒杀鱼。那么,是什么东西使这许多活鱼惨遭厄运呢?为此,巴西国立亚马孙河地区研究所的生态学家菲利普·费恩赛德对这个大水库进行了全面考察和研究,终于揭开了活鱼集体被杀的奥秘。

巴尔比纳水库是1987年巴西在热带雨林区亚马孙河的支流瓦图芒河上建立的一个大水库。它的面积非常大，淹没了31万公顷的峡谷和沼泽地，相当于卢森堡的国土面积。建造这个大水库的目的是进行水力发电，为亚马孙区的首府马脑斯提供电力。这个水库的坝高只有50米，从空中看，广阔的水面并不像一座永久性的水库，倒像是惨遭一次洪水淹没的低洼地。因为整座水库有三分之一的地方水深不到4米，水库中到处是露出水面的垂死的树木和腐烂的动植物残骸，水库的大部分是死水一潭，即使是流水，流动起来也很缓慢，因此水区杂草丛生。

和许多水库一样，在建成蓄水之前并没有清除库区内的树木和大量植物，这样，就有大约1亿吨的植物被水库淹没，从而带来了无穷的后患，因为这些植物在水中长期浸泡后腐烂，并释放出大量有害气体，其中最多的是二氧化碳和甲烷。

费恩赛德在水库调查时，发现在1米深左右的地方，草木腐烂后经常冒气泡，分析证明，气泡中的主要成分是二氧化碳。这是因为，在这一深度的水中含氧比较多，树木中的碳就被氧化成二氧化碳。而从深水中也经常冒出许多气泡，分析后证明，气泡中的主要成分是甲烷。这是因为，深水中缺氧，腐烂的植物大多释放甲烷。这些甲烷气体平时潜藏在水底的淤泥中，等积蓄到一定压力时，就突然爆发。1993年成千条活鱼在一声巨响后死于非命，正是这些深藏在淤泥中的甲烷，在达到很大压力时突然发作的结果。

通过这次调查，人们开始打破了水力发电毫无污染的传统观念。如果水库的地址选择不当，库区淹没的树木草地过多，同样会释放出二氧化碳和甲烷等温室气体。例如，巴尔比纳水库在1988年就释放了1000万吨以上的二氧化碳和15万吨甲烷，一点也不比同样功率的火力发电厂释放的二氧化碳少。

以往人们对偏远山区波光粼粼的水库有一种"绿色"的亲切感，以为用水库发电，不燃烧任何矿物燃料，不会有高大烟囱冒出来的滚滚浓烟，也不会有酸雨，因此世界上大多数国家都把发展水电作为减少温室

气体的重要措施。现在看来，事情并不完全像预想的那么美妙。水力发电也会产生温室气体，使全球"慢性中毒"。因此，在设计大型水库时，必须使水库淹没的森林或草地尽可能少，并在蓄水之前清除库区的大批有机物，以免使水库本身成为温室气体的释放源。

水库淹没的大量树林

78   春寒赐浴华清池

——地热形成温泉

在距古城西安 30 千米的临潼县，有一座风景秀丽的骊山，在骊山脚下有一个古今中外闻名的温泉水源，用现代的话说，就是地热资源。骊山温泉自古就有名，2000 多年前，人们就发现温泉的水有治病的作用，北魏文苌写的《温泉颂》中，称赞这股温泉是能治疗各种沉疴痼疾的良药，即所谓"自然之经方，天地之元医"。因此，骊山温泉自古就

成了历代王朝统治者的行宫。

但使骊山温泉名扬后世的要算唐代的唐明皇和杨贵妃，以及唐代著名诗人白居易写的不朽诗篇《长恨歌》。唐代皇帝在骊山温泉建的最早的行宫叫华清池，唐明皇封杨玉环为贵妃后，行宫也建在这里。因为杨贵妃经常和皇帝在这里沐浴，在行宫内专门建造了一个贵妃池，这可以说是古代有财有势的人利用温泉的最有名的地热工程。《长恨歌》中说："春寒赐浴华清池，温泉水滑洗凝脂。"非常形象地描绘了杨贵妃享受地热温泉的情景。

据现代科学的化验表明，骊山温泉中含有硫酸钙、硫酸钠等多种矿物质和有机物质，对关节炎、风湿病、消化不良、皮肤病有极好的疗效，常用这种温泉洗澡，无疑会使皮肤变得细嫩白皙。骊山温泉的水温为43摄氏度，非常适合洗澡。因此也吸引着历代文人墨客，经常以华清池为题赋诗作画。

现在的华清池公园已是闻名中外的游览胜地，每年都有成千上万的中外宾客到华清池公园参观贵妃池的遗址，到华清池新开辟的温泉浴室内享受地热的恩赐。在华清池公园里有一尊几米高的汉白玉雕塑像，竖立在飞霞殿前的九龙汤湖中，这就是贵妃出浴雕塑像，它吸引着大量游客在这座雕塑像面前留影。在公园的小卖部里，有各种形态的贵妃出浴图（国画）供游客选购，把地热利用和艺术有机地连在了一起。

新中国成立后，人民政府为了充分利用骊山温泉这一地热资源造福人民，新建了好几处男女温泉浴池，供游人沐浴。凡在此沐浴的人，无不称道这里的泉水"不为炎炎酷暑而增温，不为凛凛严冬而结冰（泉水基本上是恒温43摄氏度）"。

我国的地热资源极为丰富，温泉遍布全国各地，仅云南就有480处，广东230处，福建250多处，台湾100多处，辽宁、山东、江西、湖南、湖北、四川、西藏的温泉至少有50多处。台湾南部有一处温泉水温达140摄氏度，云南、西藏高原有许多温泉水温比当地的沸水温度还高2～3摄氏度，广东一个地质队也曾钻探出水温达90摄氏度的地下

热水泉。

地热温泉不仅可以用于热水浴，还可以用来发电、取暖，不用燃料，不用锅炉，也不需要运输，可以大大减少污染，因此是现代生活的重要补充能源，为世人所重视。在地下热水中还含有丰富的矿物资源，从中可以提取食盐、芒硝、硫黄、溴、碘、锂、锶、铷、铯、重水等重要原料和化肥。

79   脱贫致富的法宝

——北京的地热

许多人，包括北京人在内，虽然知道北京是全国的政治、文化和经济中心，但不一定知道北京还是有丰富地热资源的宝地。有些人或许知道著名的小汤山温泉区，因为至少在 300 多年前，就有人发现了小汤山温泉并开始利用，但对北京市内的其他地热资源可能知之甚少。其实，北京真是一个地热宝地，并由地热引出了许多有趣的故事。

比如，在小汤山有一家温泉疗养院，它就是以利用地热温泉治疗疾病而闻名的。在疗养院有一座理疗楼，冬天不用烧锅炉取暖，而是利用温泉的热水取暖，这里的温泉水温达 50 摄氏度。温水从楼西面的温泉眼抽出后，压入到总面积 1400 平方米的西层楼里的暖气管道，在房间内循环后，给住院疗养的病人带来温暖，然后流到另一个泉眼，循环使用。经过温泉的供暖，在室外气温达零度以下时，室内气温能达到 18 摄氏度，一天就可节约煤炭 500 千克。

尽管小汤山有温泉，但以前小汤山地区的农民一直用地面的自然水种水稻，由于自然水的水温低，所以水稻生长期长，产量很低。20 世

纪 70 年代，这里的农民开始利用小汤山疗养院的废地下热泉水及温泉水种水稻，面积多达 53 公顷。由于水温被温泉水提高到 30 摄氏度左右，可使育秧期提前 15 天，最终能使每 667 平方米（1 亩）水田增产稻谷 100～200 千克，而且米的品质得到改善，好吃。

有一种叫水浮莲的水生植物，是营养价值很高的猪饲料，但它属热带植物，在北方冬季不能生长。为了发展养猪业，小汤山和南磨房地区的农民把地下热水引进室内水池，使水温保持在 20～25 摄氏度，使水浮莲顺利过冬。1974 年 3 月以后，首次在北京过冬的水浮莲被移植到露天水池，其生长速度非常快，3～6 月间，从 20 千克生长到 2 万千克，几乎一天增长一倍。

除小汤山外，在北京市内的北京站、新侨饭店、光华染织厂和朝阳区等许多地方的地面下也有 48～58.8 摄氏度的地下热水，因水中含氧、硫化氢、氟和二氧化硅等有医疗价值的物质，对治疗皮肤病有明显疗效。首都医院等单位曾对 422 例牛皮癣患者进行地下热水疗法，有效率达 90%。

北京的地热能源真可谓成了脱贫致富的法宝。朝阳区曾有一个水产工作站，养殖原产于莫三鼻给湾的非洲鲫鱼，但常常是死的多，活的少。原来这种热带鱼喜热怕冷，只适合在水温 25～33 摄氏度的温水中生存。如果水温低于 15 摄氏度，它就"肚皮朝天"，一命呜呼了，很令人头痛。因为北京地区除夏天外，地面池塘中的水很难达到 25～33 摄氏度这个温度范围。

这样，一到冬天，所有非洲鲫鱼都难逃过"鬼门关"。为了养殖这种娇惯的宝贝鱼种，过去都是在天气转暖时，用飞机从南方把鱼苗送到北京饲养。这样一来，这种鱼的价格就更贵了。1973 年冬天，朝阳区水产工作站的科研人员终于醒悟过来，想到了用地热温泉水养殖非洲鲫鱼的好办法。经过三个冬天的努力，人们终于借助地下热水，使非洲鲫鱼安全过冬，再也不必花高价空运鱼苗了。

80 羊八井亮起"神灯"

——地热发电站

在西藏北部的草原，流行着一个"神灯"的传说。传说很久以前有一只金凤凰痛恨人间的黑暗，决心献出一只眼珠照亮人间。金凤凰把眼珠给了一位叫拉姆的姑娘，让她把眼珠高高举起，从此，这里有了光明和幸福。人们高兴地把金凤凰的眼珠称为"神灯"。

后来，这件事被一位农奴主知道了，想夺走"神灯"据为己有，姑娘不依，狠心的农奴主竟用毒箭把"神灯"射碎，把姑娘射死，世界又陷入了黑暗。在"神灯"被射碎的地方，突然天崩地裂，出现了一个热水湖，把农奴主淹死在湖中。传说，这个热水湖是拉姆姑娘流出的眼泪形成的。

贫苦的西藏牧民望着冒热气的湖水，盼望着"神灯"再现。但是，一直到新中国成立前，可怜的牧民再也没有见到过"神灯"。这当然是一个神话传说。然而，这些温泉却是宝贵的地热资源。我国政府为了给西藏人民造福，利用地热发电，从 1973 年开始，就指派中国科学院青藏高原综合考察队和西藏地质部门对羊八井地热田进行了全面的科学考察，决定在羊八井建造地热发电站，使世界屋脊亮起西藏人民长期盼望而没有盼到的"神灯"。到 1977 年，在离西藏 80 多千米的羊八井热水湖旁，真的亮起了"神灯"。人民政府在羊八井建成了我国第一座 1000 千瓦的地热实验电站，电站提供的电力将羊八井的电灯点亮。

1981 年羊八井地区又建成了一座 6000 千瓦的地热电站，地热电站点亮的电灯不仅把热水湖区的大地照得通亮，还向拉萨输送电力，使拉

萨也亮起了"神灯"。在西藏地区有大量的地热资源，不过它不是神话中拉姆姑娘流的眼泪，而是从地下温泉中流出的热水。尤其是羊八井地区，温泉、热泉星罗棋布。

这里的热水泉，有的温度超过了当地的沸点，如果你想吃熟鸡蛋，完全用不着烧水煮，只要放在这些热水泉中，用不了多久就能将蛋煮熟。沸泉之上，热气腾腾，真是云山雾罩，即使在数九寒天，泉水仍然咕咕滚动翻卷不止，和高山上的皑皑白雪形成极为壮观的景色。

也许你会奇怪，用热水怎么能点亮电灯呢？道理很简单，因为只要热水的温度高于70～85摄氏度，它就能把一种叫氯化烷的低沸点的液体化合物加热成蒸汽，用405千帕左右的氯化烷蒸汽去驱动一个气轮机发电，就可以把电灯点亮。

羊八井的地热温泉，有些温度高达90摄氏度，而高于70摄氏度的热水泉到处都是。因此，用这些地热来发电，就成为轻而易举的事了。用不了多久，羊八井的"神灯"将会更加明亮，有朝一日也可能会照亮大半个西藏！

81　冒烟的海湾

——地热宝岛

地热，是蕴藏在各种温泉、热泉、火山岩浆中的热能，不但在我国存在，在世界上的分布也非常广泛。因此人类利用地热能的历史也很悠久，由地热引起的一些故事也相当有趣。例如，在地球北极圈的边缘上，有一个总面积13.1万多平方千米，人口只有20多万的小岛国，叫冰岛共和国。乍一听这个名字，一定以为这个国家是冰冷冰冷的，但实

际上这却是一个冬暖夏凉、气候宜人的国度。尤其是首都雷克雅未克，7月份的平均温度是11摄氏度，1月份平均温度在零下1摄氏度，比同纬度的其他国家温暖得多。

为何冰岛会如此温暖而又叫冰岛呢？首都又为何叫雷克雅未克呢？要知道，在冰岛语中，"雷克雅未克"的意思是"冒烟的海湾"。这其中的奥秘可以说都和地热有关，都有一段有趣的来历。

公元前4世纪时，一位叫皮菲依的希腊地理学家曾到过冰岛，那时这块土地还是一片未开垦的"处女岛"，皮菲依把这个小海岛叫"雾岛"。由于这个海岛靠近北极圈，离欧洲大陆很远，交通不便，很少有人光顾。直到公元864年，斯堪的那维亚航海家弗洛克再次踏上这个海岛，才逐渐引起欧洲人的注意。以后，爱尔兰人、苏格兰人陆续向这里移民。由于移民的船只驶近南部海岸时，首先看到的是一座巨大的冰川，即著名的瓦特纳冰川，这景致太令人神往和使人印象深刻了，于是，冰岛这个名字就由此诞生了，并一直保持至今。

至于"冒烟的海湾"，这个名字的背后也有一段有趣的史话。公元9世纪时，斯堪的那维亚人乘船驶近现在的冰岛首都时，远远看到这个地方的海湾沿岸升起缕缕炊烟，以为那里一定有人居住。于是就把这个地方命名为"雷克雅未克"，即"冒烟的海湾"的意思。谁知等他们到岸上时，既没有看到村落和农舍的炊烟，也没有见到任何人，而只见许多温泉在不断喷出股股热气腾腾的水柱。但从此，"雷克雅未克"的美名就流传下来了。

冰岛这个地方，到处都是热泉、温泉、蒸汽泉和间歇泉。水温也各不相同，有的温度适中可以常年洗澡；有的温度很高，可以煮熟鸡蛋和土豆，如岛上的代尔塔顿古温泉，水温高达90摄氏度，完全可以做饭。

现在的冰岛人，不但用温泉洗澡，还用热泉、蒸汽泉为居民取暖，有时还用温泉地热建造温室种蔬菜水果和花卉。温室中有黄瓜、西红柿及热带生长的香蕉，咖啡和橡胶在这里也能生长茂盛。温泉游泳池更是遍及冰岛的城镇和乡村，即使在白雪皑皑的冬季，游泳池也温暖如春。

到 20 世纪，冰岛人开始利用地热发电。据 1987 年公布的数字，冰岛用地热发电的电力总数达到近 4 万千瓦。小小的一个岛国，地热发电量在这一年竟居世界第十位，可见冰岛地热资源之丰富。

82 火山也有用武之地

——岩浆发电

在世界各地，时常有些火山喷发，喷出的高温岩浆，形成滚滚"红流"，所到之处摧枯拉朽，令人不寒而栗。历史上有一些城市，就是在火山喷发后被岩浆流吞噬而消失的。而在美国夏威夷群岛上的活火山，却创造出另一种壮观的场面，炽热的火山岩浆喷出后形成滚滚"红流"注入了太平洋，激起了冲天的蒸汽热浪。

这些蒸汽热浪给科学家带来了创造发明的灵感，他们想，这些蒸汽不正好是火力发电厂用来驱动气轮发电机所需要的动力吗？可不可以利用高温岩浆中巨大的热量来发电呢？如果这一设想能够实现，人类将大受恩惠。因为，据估算，仅美国国内的地下高温岩浆的热能，如折合成石油燃烧发出的热能，就相当于 250 亿～2500 亿桶石油，比美国所有矿物燃料的蕴藏量还多！

因此，美国的科学家首先提出了利用高温岩浆发电的建议，并设计了实施方案。利用岩浆的热能当然不是等火山喷发之后去利用，那样就为时已晚，而是要在岩浆还在地下时就去利用它的热能。怎样才能利用呢？科学家们想出了好办法。

首先他们用物理探测方法查明哪些地下有高温岩浆，然后选定合适的地点，钻上两口深井，一直钻探到高温岩体中（在高温岩体下就有岩

浆），因此，有些井要钻到 6000 米深，有些钻到 2000～3000 千米就能到达高温岩体内。这时就可以往井中灌入凉水，让高温岩体将凉水加热，然后再从另一口井中抽出被高温岩体加热了的热水。这时热水的温度可以高达 190 摄氏度，热水抽出地面立即形成高压蒸汽，推动气轮发电机发电。

现在，美国、日本、英国都在建造岩浆发电的实验工厂。例如，美国在加利福尼亚州的隆巴列伊地区打了一口 6000 米的深井，然后利用水泵把水压入井孔，直达高温岩体，水遇到高温岩体变成蒸汽，单从一口井中得到的蒸汽，就可推动一个 5 兆瓦的发电机组。日本是多火山的国家，地下岩浆丰富，日本新能源开发部在岐阜县烧岳地区和山形大藏村，先后建造了两家高温岩浆发电实验厂。

英国的鲁斯诺斯地区，有一个废弃的花岗岩矿，花岗岩层下面就是炽热的高温岩层，在 2000 米深处，岩体温度约为 100 摄氏度；在 6000 米深处，热岩体可把水加热到 200 摄氏度。一口井就能产生 1 兆瓦的电力，可持续用 25 年。因此英国政府计划在这里建造一家 6 兆瓦的热岩发电厂，可给一个 2 万人口的小城镇提供电力。

岩浆发电目前还处于实验阶段，但它是能源中的一颗新星，前途无量。

83 "意大利航海家已登上新大陆"

——第一座原子能反应堆

到 1996 年为止，全世界用原子能反应堆发电的核电站已有 400 多座。你知道世界上第一座原子能反应堆是什么时候在什么地方出现的

吗？这个问题现在大多数学过物理的人可能都能回答出来，但是，在建造世界上第一座原子能反应堆的时候，这个问题却神秘得只有极少数的几个人知道。即使是它在建成并试验成功之后，也没有公开报道，而是用事先规定好的暗语通知应该知道的几位核心人物。

建造一座原子能反应堆为什么要搞得如此神秘呢？原来，在第二次世界大战期间，美国总统罗斯福收到大科学家爱因斯坦的一封信，信中提到德国人正在研究原子裂变，德国纳粹为了把裂变原料金属铀全部控制在德国手中，禁止把铀出售给任何国家。爱因斯坦在信中还说，德国法西斯头子希特勒很可能制造出一种威力极大的新式炸弹。

罗斯福看到爱因斯坦的信后，认为形势非常严峻。他立即下令成立一个"铀顾问委员会"，作为和总统的联络机构，并领导铀裂变和链式反应的研究和建造第一座原子能反应堆的工作。顾问委员会的领导人是西拉德和费米，他俩是著名的物理学家、哥伦比亚大学的教授。

为了建造这座原子能反应堆，他们本来希望在芝加哥找到一所房子，但当时正值战争时期，日本飞机已偷袭了珍珠港，美国已向日本宣战，德国和意大利也已向美国宣战，许多大建筑物里都驻满了军队，芝加哥大学周围的一些较大场所也被部队征用。结果，他们只好利用芝加哥大学的一个室内网球场来建造原子能反应堆。

这座反应堆只有 18 米长，9 米宽，8 米高。反应堆的建造是绝对保密的，它对外的名称是"冶金实验室"。而室内网球场本是体育活动的场所，它决不会让人想到会是在这里研究原子能，倒正好掩人耳目。

费米和他的伙伴们以冶金学家的面目出现，谁都认为那里在进行某种金属的研究。他们和这所大学的其他人也很少交往，因此谁也不知道他们到底在干什么。由于害怕德国人首先造出原子弹，费米等人日以继夜地工作，终于在 1942 年 12 月 2 日早晨建成了世界上第一座原子能反应堆，并准备好最后的试验。那一天反应堆持续生产了约半个小时的裂变原子能，试验成功了。

当天傍晚，"冶金实验室"的领导人阿瑟·康普顿教授向美国政府

报告成功的消息时，使用的暗语是："你一定很想知道，那位意大利航海家已经登上了新大陆。"接电话的人关心地问："当地居民对他友好吗？"康普顿则回答说："每个人都安全地登陆，并且感到很愉快。"

若干年后，在芝加哥大学的这个室内网球场入口处附近的墙上挂了一块金属匾．上面刻着几个字：人类在这里实现了第一次链式反应，从而开辟了在受控条件下释放原子能的道路。可以说，这个网球场内的反应堆是现在世界上所有原子能发电站的鼻祖。

84　神秘的原子城
——美国生产原子弹材料的地方

1942 年 12 月 2 日，在美国芝加哥大学室内网球场建造的世界上第一座原子能反应堆所产生的能量，当时只够点亮 4 个家庭用的电灯，但它标志着世界进入了原子时代，正像爱因斯坦 1939 年 8 月 2 日给罗斯福的信中预言的："这将是人类历史上第一次利用并不是来自太阳能的能量。"尽管这座反应堆距离制造出原子弹爆炸的能量还差得很远，但美国军队决定秘密制造原子弹，使自己在第二次世界大战中处于武器优势地位。

为了严守秘密，不让德国、日本、意大利这几个法西斯国家窃取情报，美国军队任命一位叫莱斯利·格罗夫斯的将军负责建造三座秘密的原子城，每座原子城承担一部分原子弹制造和试验工作。

第一座原子城建在人烟稀少的田纳西州的一条河边。这是美国中部的山区，阳光灿烂的山谷中树木郁郁葱葱，绿草如茵。在这样的地方建造生产原子弹用的原料铀—235 的生产工厂，可以达到安全隐蔽的目

的，而潺潺的河水足够一座城市和工厂使用。这座几乎是转眼间从地下冒出来的秘密城叫橡树岭，现在已闻名全世界。为了在这座秘密原子城生产出用作原子弹的材料铀—235，美国财政部拨给了军队巨额经费，相当于当时 1.5 万吨银子的价钱。

第二座原子城建在美国华盛顿西部的哥伦比亚河畔。这里大部分是沙漠，居民稀少，只有两个叫汉福特和里奇的小村镇，人数加起来才500 人左右。这座原子城的任务是生产另一种可以作原子弹的材料钚。在不到一年的时间里，汉福特就建成了一座有 6 万人的城市。这些人用第一座秘密原子城中生产出来的铀—235，通过用中子轰击生产出钚，从反应堆中得到的钚就可以用来制造威力比芝加哥那座反应堆能量大得多的原子弹。

第三座原子城建在更加偏僻的地方，在美国新墨西哥州北部一个人烟稀少、海拔 2200 米的山区。山区有一所叫洛斯阿拉莫斯的小学校，不久就被征用，用来制造原子弹和引爆它的实验室。虽然现在这个地方早已闻名全世界，但当时，这里却神秘得无人知晓。同这里的人通信的朋友和家属只知道是"圣菲邮政信箱 1663 号"。连建筑物都漆成绿色，从远处看和绿色的草木没有区别。夜晚，街道上没有一丝灯光。在这里工作的人向外写信必须由保密官员检查，有一次，一位物理学家开玩笑地用自己编的密码和中文写过一次信而被查处。不久，保密部门宣布所有的人只能用英文、西班牙文和意大利文写信。

1945 年 7 月 16 日清晨 5 时 30 分，美国花了 20 亿美元制造的第一颗原子弹在洛斯阿拉莫斯以南 300 多千米的新墨西哥州沙漠中试爆成功。爆炸威力相当于 2 万吨梯恩梯炸药，它产生的强烈闪光连许多千米外的盲人都"看到"了。有位参加试验的将军在写一份报告时说："整个地区比中午的太阳还要亮好多倍。"

不久，1945 年 8 月 6 日，美国在广岛投下第一颗原子弹，整个城市夷为平地，死伤 30 多万人；1945 年 8 月 9 日，在长崎又投下第二颗原子弹，炸死、炸伤近 14 万人。

85　为了制造钚—239

——费米发明原子能反应堆

　　你可能会问，1945 年 8 月 6 日美国在日本广岛投下了第一颗原子弹，杀死、杀伤 30 多万人之后，为什么又要在三天后，在长崎投下另一颗原子弹呢？这个问题提得很有道理。其实，这是美国在试验用两种不同核燃料制造的原子弹的杀伤能力，即用日本作实验现场进行核能强度的验证，以确定哪一种原子弹更有威力。

　　原来，投在日本的这两颗炸弹虽然都叫原子弹，但两颗原子弹的炸药（即核燃料）完全不同，其形状和大小也不一样。投在广岛的原子弹的核燃料是铀—235，代号叫"小男孩"，长约 2.5 米，直径 0.71 米，重约 4.1 吨，威力不到 2 万吨梯恩梯；投在长崎的原子弹的核燃料则是钚—239，代号叫"胖子"，长约 3.5 米，直径 1.5 米，重约 4.5 吨，威力约 2 万吨梯恩梯。铀—235 是从天然铀矿中提炼的，而钚—239 是人工制造的。钚—239 是如何制造出来的呢？这和美国想尽快制造出原子弹的计划有关，因而也和具体实现这一计划的费米的努力分不开。

　　费米本是意大利人，1901 年 9 月 29 日出生于罗马。1918 年进入比萨大学，1922 年获博士学位后到德国格丁堡大学随玻恩工作，后又到荷兰莱顿大学工作。1924 年回意大利，在罗马大学任教。1938 年，意大利颁布了法西斯种族歧视法，由于费米的妻子是犹太血统，他受到牵连。1938 年 11 月，利用去瑞典接受诺贝尔奖的机会，费米携带家眷离开意大利到美国，在哥伦比亚大学任教。

　　费米到美国后，和其他移居美国的著名物理学家（如爱因斯坦、西

拉德、维格纳、特拉、维斯克夫等）一起主张研究原子弹对付德国纳粹，并积极参加了制造原子弹的研究。现在大家都知道，在制造原子弹时，必须把原子核中的原子能"提取"出来。但当时只有铀—235这种材料可以做到这一点，而在天然铀中，能作原子弹材料的铀—235只含0.7％，其余99.3％是不易产生裂变，无法作原子弹的铀—238。

由于能作原子弹的材料当时只有铀—235，美国只好花巨额资金研究提取铀—235的各种方法。其中美国加利福尼亚大学的劳伦斯博士曾利用磁力方法，使用4000吨的大型磁铁进行提取铀—235，并取得成功。广岛原子弹就是用劳伦斯的方法提取出的铀—235制造的，但这种方法毕竟太昂贵了。

这时，费米的研究取得了突破。他发现，铀—238虽然不易产生裂变，因此不能作原子弹的炸药，但铀—238在吸收中子后却能变成另一种物质钚—239，而钚—239却能产生裂变，因此有可能成为原子弹的原料。于是，费米设想了一种用铀—238制造钚—239的办法。一般说，在用铀作燃料的原子反应堆中总有铀—238存在，而当铀—235发生裂变时，会放出中子，这样铀—238就会吸收一部分中子变成钚—239。

费米的设想显然是有根据的，但在实施中却遇到了一个不小的难题。因为由铀—235裂变时飞出的中子速度非常快，不易被铀—238捕获吸收。为了让中子易于被铀—238吸收变成钚—239，就要求使中子速度慢下来。为此费米曾利用重水来减慢中子速度，但当时制造重水的方法非常复杂，想要得到足够的重水，要延迟许多时日，也许不能赶在德国之前造出原子弹。

为此，费米冥思苦想，日夜试验，终于找到了一种容易得到的减慢中子速度的材料，这就是石墨。但这也有一点麻烦，因为重水是液体，能轻易混在铀原子之间，而石墨是固体，很难和铀原子均匀混合。但费米不愧是聪明的科学家，他想了一个办法，他将石墨堆砌成砖形，其间每隔一小段加上一块铀。这样，从一块铀—235裂变时飞出来的中子通过周围的铀—238并穿过石墨砖时，在尚未进入邻近的铀块之前就减速

碰撞在铀—238 的原子核上并被吸收，从而变成钚—239。这个装置，被称为原子核反应堆。

根据费米的研究成果，1942 年 12 月 2 日，终于在芝加哥大学建造了这种用石墨使中子减速的、可以控制中子速度的原子能反应堆，并生产出了钚—239 这种原子弹燃料。实际上，费米在原子弹的原料制造和原子能反应堆的建造及其今后在和平利用原子能方面都作出了卓越的贡献。科学界为了纪念费米的贡献，把元素周期表中的原子序数为 100 的元素以费米的姓氏命名，即镄。

86　为原子弹奠基的女人

——迈特纳获得了比诺贝尔奖更珍贵的荣誉

第二次世界大战期间，由瑞典皇家科学院评定，1944 年度的诺贝尔化学奖授予了德国的放射化学家奥·哈恩，以表彰他发现了"核裂变"。说通俗一点，原子弹爆炸就是核裂变的结果。最近，国际物理学界有人对 50 多年前的这一评定结果发表了令人深思的评论。

其中英国《卫报》1996 年 4 月 7 日发表了一篇文章，题目是"为原子弹奠基的女人"，指出把发现核裂变的功劳只归于哈恩有欠公平。认为发现核裂变即原子能理论的奠基人，应该包括奥地利的女物理学家莉·迈特纳。因为从 1907 年开始，迈特纳就和哈恩进行了历时 30 年富有成效的合作。

在物理学界，几乎都认为女物理学家迈特纳在发现核裂变的工作中功不可没，可为什么她没有和哈恩共享诺贝尔化学奖呢？原来其中有一段曲折复杂的故事。迈特纳 1878 年 11 月 7 日出生于维也纳，她父亲是

首批在奥地利当律师的犹太人之一，而迈特纳则是第二位获得维也纳大学物理博士学位的女性。1906 年毕业不久，她开始从事放射线研究。尽管当时存在严重的性别歧视现象，但人们都不得不承认迈特纳超凡的才能。1907 年，她到德国柏林大学随普朗克进修理论物理学，并开始同著名的放射化学家哈恩合作。

1917 年，迈特纳在享有盛名的威廉大帝化学研究所有了自己的物理实验室，那时她才 30 多岁。1934 年，她说服化学家奥·哈恩与她再次合作，研究原子核并寻找除当时已知的最重的原子铀以外的元素。

在那时，希特勒的阴影笼罩着欧洲。1938 年 3 月，纳粹侵占了奥地利，迈特纳被迫流亡到荷兰，经丹麦到瑞典斯德哥尔摩诺贝尔研究所任教。这一年，哈恩和他的助手斯特拉斯曼于 12 月在研究放射性元素时，发现铀这种放射性元素经中子轰击后意外地出现了比铀轻得多的钡元素，而不是他们想象中的比铀更重的元素，哈恩对此感到不可理解和困惑。于是，他把这种实验结果向流亡在斯德哥尔摩的迈特纳作了通报。迈特纳和当时在哥本哈根工作的物理学家、她的外甥弗里施讨论后，认为这是铀元素核被中子轰击后裂变为钡元素和氪元素的结果，乃于 1939 年 1 月提出了核裂变的概念，圆满地解释了哈恩和斯特拉斯曼的实验结果。同时她根据爱因斯坦的质能相当理论，预言一个铀核裂变成一个钡核和一个氪核时会释放出 200 兆电子伏的能量，这一能量比通常的燃料燃烧时释放的化学能大几百万倍。核裂变和随后的链式反应的发现，都证实了她的预言，从而为原子能的应用和原子弹的制造奠定了理论基础，开创了原子时代的新纪元。

但哈恩在后来公布他的核裂变的实验结果时，却没有把迈特纳为他提供的帮助作为一个合作者将其名字写到论文上。尽管在《制造原子弹》一书中，作者里查德·罗兹说哈恩是一直想把迈特纳的名字写到那篇使他获得诺贝尔化学奖的具有历史意义的论文中去的，但另一位传记女作家赛姆认为这是哈恩在撒谎。这位传记女作家说，哈恩甚至在迈特纳逃离德国之前就开始疏远他的合作者，更可悲的是哈恩在战后的表

现，他竟说迈特纳从未指导过他证明核裂变的化学实验。

由于哈恩在发表那篇至关重要的有关核裂变的实验论文时没有署上迈特纳的名字，因此哈恩独自获得了 1944 年度的诺贝尔化学奖，而迈特纳的功绩没有得到应有的肯定。

舆论是公正的，尽管迈特纳没有得到诺贝尔奖，但是她获得了比诺贝尔奖更珍贵的荣誉。1994 年，一个国际委员会一致同意给人造元素 109 取名为"迈特纳元素"。迈特纳一生经历坎坷，科学成果卓著，她终身未婚，把全部生命献给了科学事业，于 1986 年 10 月 27 日病逝于英国剑桥。

87 悬在地球上空的原子弹

——卫星上报废的核反应堆

1977 年 9 月 18 日，苏联为了跟踪监视美国核潜艇的活动，发射了一颗叫"宇宙 954 号"的间谍卫星。但是，这颗卫星刚从苏联的一个空间发射场射入太空，就被美国的预警卫星和设在苏联周围边境地区的一些窃听装置发现，并一直跟踪监视这颗间谍卫星的活动。

苏联的"宇宙 954 号"海洋侦察间谍卫星上装有一个小型的核反应堆，是用来为他们的海洋侦察雷达提供动力能源的。按原定计划，这颗卫星在天上工作 70 天后就算完成使命，然后由地面控制站操纵，让反应堆和卫星本体分离，再开动一个小型助推器，把反应堆送入一条距地面 1000 千米的高轨道，这样它就可以在那儿运行上千年，不至于给地球带来污染，而卫星本体，则很快坠入大气层烧毁。

谁知，在这颗卫星完成任务后，因为出现故障，核反应堆未能和卫

星分离，它随着卫星从正常轨道下降，眼看用不了多久就会进入大气层。一直跟踪监视这颗卫星的美国北美防空司令部和苏联人一样，紧张起来，担心这颗带核反应堆的卫星坠落到美国本土，成为一颗"原子弹"。

1978年1月12日，美国白宫召见苏联驻美大使，要求苏联说明这颗卫星上的核燃料会不会撞到地面，像原子弹一样爆炸。当时的苏联大使多勃雷宁保证说：核反应堆不会爆炸，它不是一颗炸弹。

美国为了防止意外，除下令一支部队准备应付最坏的情况外，又通知了北大西洋公约组织，日本、澳大利亚和新西兰政府。后来这颗带核反应堆的"宇宙954号"海洋侦察间谍卫星终于坠毁在加拿大西北地区一个叫耶洛奈夫的小镇上空，时间是1978年1月24日早晨6时53分。所幸这里人烟稀少。但是加拿大政府为了消除坠落的核反应堆碎片的污染，还是花了两个多月的时间寻找卫星残骸，并收集到了一堆放射性金属碎片。加拿大以此为凭据，要求苏联赔偿损失，这一场核反应堆掀起的风波才算告一段落。

其实类似的事件早就有过，1964年美国发射的导航卫星"子午仪5BN—3"，因为没有进入预定轨道，结果上面携带的原子能反应堆在约50千米的高空中爆炸。其中的核燃料钚放出大量放射线，使全球放射性污染增加了两倍，给人们造成了危害。

目前在地球周围的卫星轨道上，仅苏联于1970～1988年发射的装有核反应堆的侦察卫星就有31颗，其中至少有29颗报废的核反应堆在围着地球运转，它们的放射性燃料总量就达几百千克。这些核废料不仅像悬在地球上空的原子弹，给地面造成威胁，而且有可能和其他轨道上的碎片相撞，产生放射性碎片，威胁那些在地球轨道上飞行的载人宇宙飞船的安全。因此许多科学家提出，应该禁止在地球轨道上使用核反应堆，以减少它们可能对地球产生的危害。

88 切尔诺贝利核电站引起的"恐核症"

——可怕的核污染

前几年，在世界的许多地方，出现了一种"恐核症"，许多人发起成立"绿色"、"蓝色"组织，到处组织"反核"活动，到一些核电站和核反应堆的施工工地附近，阻止施工。我国在 20 世纪 80 年代末决定在大亚湾建造核电站后，距大亚湾很近的部分香港居民也表示反对。在苏联，"恐核症"就更加严重，因为在几年中，陆续有 4 座核电站停止运行，总装机容量达 1 亿多千瓦的新核电站停止施工或改作他用。"恐核症"为何如此严重蔓延？这得从头说起。

1986 年 4 月 26 日 1 时 23 分，在苏联乌克兰基普州普里里皮亚特市的切尔诺贝利核电站，突然传出隆隆的爆炸声，核电站上空腾起火光，火光中夹带爆炸掀起的各种碎片冲天而起。不久，从沉睡中惊醒的居民就听到呼叫的救火车和救护车带着撕人心肺的声音驶向核电站方向。大部分居民当时不知道发生了什么事。

原来这是切尔诺贝利核电站出了严重事故，4 号机组的反应堆发生爆炸。厂房倒塌，4 号机组循环泵班长霍德姆丘克当即死亡。机组的调试工沙申诺克严重烧伤，送到医院后清晨 6 点钟不治而死。参加救护抢险和在岗位上受伤的 132 人也送进了医院。

这一消息像原子弹爆炸一样震动了全世界，这是自广岛原子弹爆炸后最严重的一次核事故。因为爆炸抛出的核污染物扩散到周围几十千米的地区，污染了 14.4 万公顷农田、49.2 万公顷林地和 480 万人口的居住区。当局不得不下令事故现场 30 千米内的全部居民立即撤离，当时

撤离人数达 11.6 万多人。但同时却有以十万计的军队、工人、司机及医务人员赶到现场抢险，用直升机空投砂子、硼、水泥堵住核反应堆的喷发口，还设计了一个有 20 层楼高的"石头棺材"把 4 号机组埋起来。

但是，大部分抢救人员是在毫无防护设备的保护下工作的，大都受到严重的放射性伤害，整个地区受放射性污染的人可能达 23 万。为消除事故产生的各种恶果，苏联花的钱估计至少有 2000 亿卢布。从此，切尔诺贝利核电站就成了"恐核症"的病源，核电受到不少人的抵制和排斥。

其实，这次事故的根本原因不在核电本身，它是代人受过，背上黑锅而已。因为核电本身是非常清洁的能源，而这次事故的主要原因是人为的。后来的调查表明，事故是值班操纵员严重违反操作规程引起的，而当时 33 岁的 4 号机组夜班主任阿基莫夫又缺乏专业技能，26 岁的控制反应堆主任、工程师汤图诺夫更没有经验，结果都在事故中受严重辐射于 1986 年 5 月死亡。另一个人为因素是在设计这座核电站时，为了省钱，把不少安全设备简化到了极低水平，致使保护系统不起什么作用，核放射物大量泄漏。

现在全世界已有 400 多座核电站在运行，总功率达到 30 多万兆瓦，是世界能源的重要组成部分。只要设计时有充分的安全保障系统，培养高水平的操作人员，核电就能安全地为人类服务，完全不必对核电存在害怕心理。

89 中国的争气站

——秦山核电站

1991 年 12 月 18 日，新华社向全国和世界发布了一条消息：我国大陆第一座核电站——秦山核电站于 1991 年 12 月 15 日正式并网发电。短短的消息里包涵了许多动人的故事，它标志着我国在原子能和平利用上又有了新的突破，为中国人民大大争了一口气。这气从哪儿来？从自信来，从自尊心来！

几年前，我国第一座军用原子反应堆总设计师欧阳予代表中国出席国际原子能机构召集的一次会议。有一个国家的代表在会上不阴不阳地说："衡量一个国家是不是核大国，不应看它有没有原子弹，而应看有没有核电站。"因此他建议把有核电站的国家和无核电站的国家分开编组。然后，他又补充说："当然，中国还是称得上是核大国的，因为台湾有几座由别国帮助建成的核电站。"

听了这种带刺的话，中国的代表心里窝了一团火。因为他曾多次目睹自己参加研制的原子弹、氢弹爆炸升天，但作为一个堂堂大国，核电站的建造在大陆的确还是空白。尽管在全世界已经建造起 400 多座核电站，但当时我们的核电站还只是图纸上的东西。一定要争这口气！况且，中国的能源短缺，核电站的建造再也不能推迟了。

1983 年 6 月 1 日，在浙江海盐县东南 11 千米处的秦山，响起了震耳欲聋的开山炮，国务院决定在这里建造中国大陆第一座自己设计和制造的原子能发电站。秦山，是秦始皇统一中国后巡视过的地方，它面临杭州湾，距缺电最严重的工业城市上海 126 千米，距杭州市 92 千米，

是向华东电网输送电力的理想的核电站场所。当年的秦始皇当然不会想到，因为他巡视过而得名的秦山，今天已像万里长城一样名扬四海。

总设计师欧阳予来到秦山，他要让世人知道，中国不仅能造原子弹，而且能造出世界第一流的核电站，建造速度要让外国人吃惊，建造质量要让外国人服气。他为秦山核电站的原子反应堆设计了三道安全防线，第一道防线是在核燃料外面包上锆合金管，防止放射性物质外泄伤人；然后又在锆合金管外面包上一个密封耐压壳；为达到万无一失，再在耐压壳外筑起一米厚的预应力钢筋混凝土安全壳厂房。

这三道防线可以确保即使反应堆出现故障，也决不会像前苏联的切尔诺贝利核电站那样发生放射线泄漏事故。

欧阳予设计的秦山核电站，即使遭受七级大地震也摧不垮。海潮、海浪、台风，甚至龙卷风的肆虐，对秦山核电站的安全来说，也不过是蚍蜉撼大树。因此，1989年4月和1991年1月国际原子能机构对秦山核电站进行安全审查后，评价说：秦山核电站的建设是高标准的，是在国际上公认的高水平的高度安全的核电站。因此当新华社宣布秦山核电站正式并网发电时，国务院发来了热情的贺电。

现在，这座30万千瓦的核电站每年可向华东电网输送15亿千瓦时的电能，大大缓解了华东电力短缺的局面。核电已在中国大陆开花结果，到1993年，我国广东大亚湾核电站又有两台90万千瓦的核电机组建成发电。秦山核电站第二期工程也在筹建之中，那时，秦山将放出更耀眼的光彩。

90 人造一个小太阳

——受控热核聚变反应装置

　　自从科学家在 1938 年揭开了太阳能是氢在高温下发生核聚变产生的奥秘以来，美国、前苏联、中国成功地爆炸了氢弹，证明氢在热核聚变下确实具有惊人的能量。但氢弹的爆炸只能造成破坏，因为它的能量是在一瞬间通通释放出来的。能不能让氢弹中产生的热核聚变过程得到控制，使能量按人的需要一点一点地释放出来呢？如果能做到这一点，就等于在地球上能造出许多小太阳，让它们不断发光发热和发电。这个设想成为世界上许多科学家的共识，并决心努力把这个设想变成现实。

　　1991 年 11 月 9 日，从英国牛津郡的卡勒姆联合欧洲核聚变实验室传出一个震惊世界的消息：在这个实验室的科学家们首次用氢的同位素氘和氚制成混合燃料，成功地实现了受控制的核聚变反应，第一次用热核聚变的方法产生了大约 1.7 兆瓦的电力。这一重大的突破性进展，使人类利用核聚变能量的设想有了光明的前景。因此，这一事件被我国发行量最大的杂志《半月谈》推举为 1991 年国际十大事件中的第九件。

　　还是在 1990 年 12 月底，美国、日本、欧共体和前苏联的四个科研小组就联合起来，在英国牛津乡村地区的卡勒姆实验所，建造了一座供试验用的国际热核聚变实验反应堆。这个反应堆是一个像汽车轮胎一样的环形装置，科学家们在这个环形装置内注入氢的同位素氘、氚等燃料，然后把它们加热到几亿摄氏度的高温，使氢气的原子分裂成电子和原子核（称等离子体），就像太阳上的氢气在高温下分裂的情况一样。然后，这些氢原子核在高温下相互碰撞聚变成氦原子并释放出巨大的能

量。由于氢气分裂后的氢等离子体温度太高，会把任何东西都熔化掉，因此在环形装置的空间内加了一个巨大的磁场，这个磁场可以把高温等离子体封闭并悬浮起来，不让等离子体挨近环形装置的任何零部件，避免了使环形装置等受到高温的损坏。

在这样的条件下，人们就可考虑将氢原子聚变时释放的能量用来发电。1991年11月9日的热核聚变试验的成功，虽然持续时间仅2秒钟，温度则达到了2亿摄氏度，释放的能量达2亿瓦，产生了约1.7兆瓦的电力。这意味着，人类向往的受控热核聚变获得了初步成功。

这次试验的意义之所以特别重大，是因为它使用的燃料是氢的同位素氘和氚，它们比原子能反应堆用的铀燃料容易生产得多，而且没有放射性污染。尤其是氘，是天然存在的元素，可以从海水中提取，它的资源很丰富，地球上仅海水中就有45万亿吨氘，而0.03克氘通过核聚变反应就能释放出相当于300千克汽油的能量。现在生产1千克铀燃料需要12000美元，而生产1千克氘只需300美元。

目前世界上还只有两个能用氘、氚进行热核聚变反应的装置，一个是前面已提到的英国牛津郡的卡勒姆联合欧洲核聚变环形装置，另一个是美国普林斯顿大学的托卡马克核聚变试验装置。但美国的这个装置至今还没有获得像英国的装置的成功。不过可以预料，人类在地球上制造"小太阳"，产生受控制的热核聚变能的日子为期不远了。

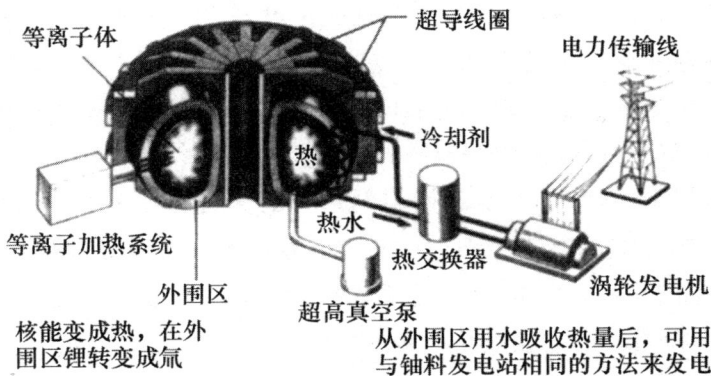

等离子体　　超导线圈　　电力传输线
冷却剂
热
等离子加热系统　　热水
外围区　　热交换器　　涡轮发电机
超高真空泵
核能变成热，在外围区锂转变成氚　　从外围区用水吸收热量后，可用与铀料发电站相同的方法来发电

91 海洋是原子能仓库

——碧海之中有核能

把海洋称作一座原子能仓库，或许有人会表示怀疑。其实在浩瀚的海洋中，不仅有潮汐能、温差能、波浪能，的确还有丰富的原子能。原子弹和核电站中使用的铀，不仅在陆地上的铀矿中有，在海水中同样有。海洋学家测定，每升海水中含有0.003毫克的铀，但即使这样少的含量，全世界海水中总的含铀量就有约50亿吨。

为了更多地获得铀这种能源，我国从1958年就开始进行从海水中提炼铀的研究，1967年，我国有关部门在上海进行了海水提取铀的大协作，并成功地从海水中提取了60多毫克铀。由于每升海水中铀的含量只有0.003毫克，提取技术之难可想而知，因此成本很高。但技术是可以不断改进的，只要能从海水中提炼出铀，人类消除能源危机就有了希望。

你想想，海水中有约50亿吨铀，这可不是一个小数目。要知道，制造一颗原子弹，只要有0.5千克铀—235就能起爆，铀—235是从纯铀中提炼出来的。据实验，从120千克纯铀中可以提炼出约1千克铀—235，可以算一算，50亿吨铀该可以制造多少颗原子弹？

还可以算一算，1千克核燃料铀产生的热量相当于2700吨标准煤的热量，50亿吨铀会产生多大的热能？我国秦山核电站每年至多只需要14吨核燃料，如果用50亿吨铀作核燃料，可以供1000座同样规模（功率为300兆瓦）的核电站用多少年？

海洋中除有铀之外，还有一种重水，它是二氧化氘化合物，也就是

说，海水中的重水实际上是可以进行热核聚变的氢的同位素氘。氘也叫重氢，它是制造氢弹的原料，也是未来用于进行受控核聚变的产生巨大能量的重要原料。在每升海水中氘的含量约为 30 毫升，全世界的海水中氘的总量就有 45 万亿吨！它燃烧时释放的能量简直是一个天文数字，有人用一个比较容易想象的方法来形容：这个数字等于 300 个地球上的海洋那样大小的油库燃烧时释放的能量。更具体一点地说，0.03 克氘通过热核聚变反应能释放出相当于 300 千克汽油燃烧时释放的能量。而且从海水中提取氘的技术相对于提取铀来说，比较容易，因此成本比较低。

但是，目前要使氘产生像氢弹爆炸一样的热核聚变，并把聚变时产生的能量得到控制，按人的需要一点一点地释放出来，还需要做很多工作，因为热核聚变要求具有上亿摄氏度的高温。不过，曙光就在前头，在前面那篇文章中已经介绍，1991 年 11 月 9 日，英国牛津郡的卡勒姆联合欧洲核聚变实验室传出一个震惊世界的消息：这个实验室的科学家们首次用氘和氚（也是氢的同位素）作燃料，成功地实现受控热核聚变反应，第一次用热核聚变方法产生了约 1.7 兆瓦的电力，聚变时的温度达到了 2 亿摄氏度。这一技术的进一步成熟，就有可能把海水变成可供人类取之不尽的能源。

我国为研究利用海水中的氘这一新能源，也在 1984 年正式建成了受控热核聚变装置"中国环流器 1 号"，并开展了卓有成效的试验。

92 核物理学家们的争论

——冷聚变是否可能

世界上任何一种新事物出现的时候，总会引起一阵骚动，尤其当这件事会对传统的观念产生冲击时，就会引起人们激烈的争论。1989 年春天，美国犹他大学的庞斯和英国南安普敦大学的弗莱施曼向全世界宣布，他们在 3 月 23 日用重水（即二氧化氘）和钯电极在室温下实现了核聚变，这一消息在全世界引起了轰动，因为按传统的理论，核聚变只能在 1 亿摄氏度以上的超高温条件下才能进行。氢弹爆炸就是核聚变产生的巨大能量引起的，但是氢弹之所以能产生核聚变并爆炸，是靠原子弹引爆产生的超高温才实现的。

因此，庞斯和弗莱施曼立即成了世界的新闻人物。全世界的许多研究人员都仿效他们的做法，开始研究这种室温下的核聚变。因为传统的核聚变只能在高温下进行，所以通常叫热核聚变，于是就有人把这种在室温下的核聚变称为冷聚变。一时间在世界上形成了一股冷聚变的研究热。仅 1989 年 3～4 月间，全世界就有美国、前苏联、日本、波兰、匈牙利、意大利、中国、德国、巴西、捷克等十来个国家 60 多个大学和实验室进行了冷聚变的试验。有不少人证明冷聚变确有其事。

但是，几乎与证实有冷聚变的实验室同样多的实验室，却都没有证实庞斯和弗莱施曼的实验。于是在世界上引起了一场激烈的争论。一部分科学家认为，冷聚变根本不可能实现；另一部分科学家则认为冷聚变是一个事实。庞斯和弗莱施曼说，我们把钯电极插入重水中通电后，从电解室中输出的热量比输入的热量高 8 倍，有些甚至高 40 倍，而且从

反应产物中还测出了中子和氚元素，这种现象只有在发生核聚变的情况下才会发生。因此，这种反常现象除用室温下产生了核聚变来解释外，其他无法解释。而那些没有证实庞斯和弗莱施曼的实验结果的科学家则反唇相讥，认为冷聚变根本不可能。

中国的一部分物理学家更是对冷聚变持否定态度，中国科学院理论物理研究所的一位研究人员认为"冷聚变研究只不过是科学史上又一次小小的闹剧"，"由于氘氘之间的库伦斥力是如此之大，以致在室温下实现它们的聚合反应的概率差不多等于零"，"冷聚变研究是病态科学和伪科学"。

另一部分中国科学家则认为，冷聚变现象的研究具有极大的理论价值，他们支持冷聚变研究，因为一旦找到了冷聚变这一异常现象的原因，就会为开辟巨大的核能源提供新的途径。我国清华大学、兰州大学、中国科学院物理研究所、化学研究所和中国原子能研究所从1989年3月起相继进行了艰难的冷聚变研究，他们的研究结果在1990年10月22～24日美国盐城湖第一届冷聚变年会上和1991年6月29日～7月4日在意大利米兰召开的第二届冷聚变年会上作了报告，报告的内容引起了国外代表的极大兴趣。

美国国家科学基金会还决定在康奈尔大学建立一个冷聚变档案馆。档案馆主任布鲁斯·卢恩斯坦说："既然这是一个科学家有争议的事件，我们就想确保在研究中的生命短暂的资料得到保存。"无论冷聚变是否可能，目前能否解释，从事冷聚变研究的科学家的努力一定会在历史上留下难忘的一页。

93 必须保证核电站的绝对安全

——安全氦冷核反应堆的诞生

自从苏联切尔诺贝利核电站 1986 年发生大爆炸事故后，世界上许多人对核电站产生了极大的恐惧心理，真有点"谈核色变"。后来，许多人坚决反对再建核电站，甚至在核电站附近进行示威活动。

核电站发生事故通常有两种原因，一是反应堆本身的设计不当，二是操作人员违反操作规程。三里岛事故属于前一种；切尔诺贝利核电站既有设计不当的因素，又违反了操作规程，因此事故造成的人员伤亡和财产损失都非常惨重。

但不管是什么原因，设计人员都有难以推卸的责任。难道违反操作规程还要设计人员负责？对！即使是操作人员操作不当，设计人员也应保证在操作不当发生意外情况时，不能对人的安全造成威胁。举个例子来说，1996 年 11 月 13 日，中央电视台《东方时空》节目播放了常州生产的长鹿牌电热水壶在水烧干后发生爆炸的事件，使一个 8 岁的小男孩双目炸伤，几乎失明。水壶烧干虽属不正常操作，但设计人员理应考虑当发生不正常操作时发生的严重后果，应该设计相应的保护装置。结果，该水壶被消费者协会定为不合格产品。同样，核电站的安全也完全掌握在设计人员手中。这无疑对核电站的设计人员提出了严峻的挑战，也就是说，除非是敌人的故意破坏，不然你就得必须保证核电站的绝对安全，否则你就不配当核电站的设计师。

怎样才能设计出绝对安全的核反应堆呢？美国加利福尼亚圣地亚哥通用原子公司的设计师们分析了切尔诺贝利核电站事故的各种原因，发

现在核反应堆中用水作冷却剂是不安全的隐患。因为核燃料的保护包层用的是金属壳，在高温时，特别是在操作错误使金属壳发生熔化时，它会与水起化学反应产生容易爆炸的氢气。前面说的两起事故，据调查，都和核燃料包层金属发生熔化后与冷却水起化学反应有直接关系。

于是，通用原子公司的设计师们提出了一种新型的核反应堆发电系统。它改用惰性气体氦作冷却剂，并设法用氦气代替水蒸气驱动涡轮发电机发电。这样，惰性气体不会和反应堆中的任何材料起化学作用，也就不可能产生容易爆炸的氢气之类的东西。

同时他们又改进了核燃料的包壳材料结构。这种结构的特点是铀燃料和控制中子速度的石墨的比例是平衡的，因此具有极大的负温度系数。负温度系数是什么意思呢？能起什么作用呢？简单地说，负温度系数的作用是：一旦核反应堆发生错误操作，使反应堆的温度上升到明显超过正常运行的标准温度时，由于有负温度系数的设计，反应堆会自动关闭。也就是说负温度系数的设计起到了"保险丝"的作用，保证了核反应堆的绝对安全。

新的核反应堆发电系统由两个互连的压力容器组成，它们都埋在地下的封闭式混凝土外壳内，其中大的容器是核反应堆，较小的容器内装有涡轮发电机、压缩机和热交换器。在两个容器之间有一个管道相连，在核反应堆容器内充满了氦气，核反应堆裂变产生的能量将其周围的氦气加热到850摄氏度；然后通过管道到达第二个较小的容器的入口，驱动涡轮发电机发电；涡轮发电机还同时带动压缩机，使氦气通过热交换器后再返回到核反应堆容器内。如此循环不已，连续发电。

这种氦冷核反应堆因不用水作冷却剂，也不用水蒸气推动涡轮发电机发电，不仅提高了安全性，也大大简化了发电系统的结构。它取消了常规压水或沸水反应堆发电系统的二级冷却回路，使整个系统及其他配置大大减少，最终使发电成本降低。

94 为了把火箭做得小些

——金属氢的诱惑力

与石油及煤炭相比，氢气是一种很理想的燃料，因为氢气燃烧后与氧化合，产生的化合物是水蒸气，因而不会产生任何有害气体，惟一的燃烧产物就是水蒸气，绝不会污染大气。但氢也有一个不小的缺点，即它太占体积。在标准大气压力下，1 吨重的氢气约占 110 万升的体积。液态氢占体积虽然不太多，但 1 吨液氢也有 1.4 万升的体积，它的密度只有 0.07 克/立方厘米。

液氢作为动力最早是用于火箭推进器中的氢氧发动机，但液氢很昂贵，而且需要低温保存（在标准大气压力下，氢需在零下 235 摄氏度才变成液体），所以很难普及。比如，一枚要携带 5 吨液氢的火箭，体积就要做得很大，火箭自身的重量就要增加。因此，要把火箭做得较小，就必须进一步增大氢的密度，即把液氢变成固体氢或金属氢。为什么会有人想起把氢变成金属呢？其中还有一段来历，并在科学界引发了一些有趣的故事。

1989 年 5 月，美国华盛顿卡内基研究所的毛何匡和鲁塞尔·赫姆利宣布，他们用 250 万个大气压，把氢气压成了固体氢。这种氢不仅密度高（0.562～0.8 克/立方厘米），而且具有金属导电性，是一种储能密度极高的能源材料。

氢在常温下本是一种不导电的气体，卡内基研究所怎么会想到要研究能导电的金属氢呢？原来，他们认定，在化学元素周期表中，氢和锂、钠、钾、铷、铯、钫都是同属 I_A 族元素，但除氢外，其他成员都

是金属，因此气态氢有可能在高压下变成导电的金属氢。一是氢和锂、钠、钾等元素是同族元素，有"亲缘"关系；二是从金属的特性分析，氢有可能压成金属氢。

根据这种分析，毛何匡和赫姆利开始了实验。他们取来纯度很高的氢气，放在一个能承受极高压力的金刚石之间的密闭装置内，在零下196摄氏度的低温下逐渐加压到250万个大气压。结果发现气态氢从透明状态逐渐变成了褐色，最后变成为有光泽的不透明固体，导电性也发生了变化，由绝缘逐渐变成半导体，进而变成为导电体。于是他们于1989年5月初在美国地球物理协会上报告了这项实验成果。

但两年后有人对这一结果表示怀疑。美国科内尔大学的阿瑟·劳夫和克雷格·范德博格认为，毛何匡的实验容器内含有红宝石粉末，红宝石的主要成分是氧化铝。劳夫和范德博格认为，可能是氧化铝和氢气在高压下形成铝金属，而不是真正的金属氢。而且，毛何匡以后也没有再报道过研究金属氢的进展情况。

可见，制造金属氢的难度有多大，人们估计，有可能需要几代人的努力才能取得突破性的进展。目前，美国、俄罗斯、日本等国都宣布过用高压技术观察到了金属氢的现象，但在压力卸除后金属氢又变成了普通的氢气。因此，尽管金属氢对人们有巨大的吸引力，但在常压下要得到稳定的金属氢，还要攻克许多难关。

不过，持乐观态度的科学家认为，这个问题总有一天会解决，因为石墨在高温、高压下变成金刚石后，就能在常温下长期稳定地存在。因此，尽管困难重重，科学家们仍以坚忍不拔的毅力在从事金属氢的研究。

毛何匡和赫姆利还认为，研究金属氢有两方面的意义：一是金属氢有希望成为高温超导体，还能作核聚变的燃料，即高能量密度而无污染的能源；二是金属氢的研究还有助于解决理论物理和天体物理中存在的一些长期未能解决的问题，例如天文学家在观察太阳系的土星、木星、天王星和海王星这些天体时，发现有金属氢核心，他们非常希望知道，

在多高的压力和温度下氢会变成金属氢。

95   冲天臭气变成"香饽饽"

——硫化氢一分为二

大多数人都喜欢吃鸡蛋，但对臭鸡蛋谁也不感兴趣，甚至非常讨厌，因为它冒出的一种臭气能把人熏晕，这种臭气就是硫化氢。硫化氢这种气体，石油工人都很熟悉。在油田的油井和天然气井中，会经常冒出臭鸡蛋中那种令人恶心的气味，那也是硫化氢气体。有些天然气井中硫化氢的含量高达 25％，可以设想，用臭气冲天来形容它是毫不过分的。

这种令人厌恶的硫化氢曾经成为油田的一种公害，它污染空气不说，还特影响工人的劳动情绪，你想，成天闻臭鸡蛋是个什么滋味？为了治服这个"伤风败气"的家伙，人们恨不得将它"五马分尸"。

"分尸"还真是治服硫化氢的好办法。要知道，硫化氢是硫和氢这两种元素化合而成的，能不能把硫化氢分解成硫和氢呢？如果能将它们一分为二，变成硫和氢，不就没有臭味了吗？

再说，如果能将硫化氢"一分为二"，好处是不仅可以消除臭气，而且得到的硫和氢还是重要的工业原料。比如，硫是生产硫酸、化肥、硫化橡胶、杀虫剂、黑火药和烟花火药的重要原料。至于氢就更不用说了，可以用它制造氢气球、氢气飞艇，还可以用来制造化肥合成氨。许多化学制品的生产都要用氢，例如可用来生产氯化氢（氯化氢溶于水就成了盐酸），液态氢可以做超导体的冷却剂，也是现代火箭的常用燃料。

氢最有前途的用处是作燃料，因为氢燃烧后的惟一产物是水，是最

理想的没有污染的能源。要说氢的用途，细讲起来可写一本厚厚的书哩！

说了这许多，到底怎样才能把油井和天然气井中的臭硫化氢"一分为二"呢？不久前，俄罗斯的科学家想了一个办法。他们设计了一套设备，将硫化氢臭气引进这套设备中的一个磁场内，由于硫化氢分子受到电磁场的"刺激"，在每个分子内部就"发高烧"，温度竟可达到几千摄氏度，在这么高的温度下，硫化氢"受不了啦"，终于分解成氢和硫。

硫化氢一分为二之后，氢气可以通过管道从油田或天然气产地输送到 500～600 千米外的任何地方作为燃料，也可以作为工业原料和资源派各种用场；在设备中剩下的就是另一种重要产品：硫——它也是重要的化工原料。

前面已经介绍过，用水也可以分解得到氢。但用硫化氢分解得到的氢比电解水得到的氢所消耗的能量要少得多。因此，不久的将来，油田和天然气井中冒出的硫化氢，在人们的心目中，可能不再是臭不可闻的"恶气"，而是原料资源生产厂家眼中的"香饽饽"哩！

96 能源赛场上的激烈角逐

——氢能利用的竞赛

氢燃烧后只产生水，没有任何有害气体，因此，氢是最洁净的能源。而且，氢可以通过利用太阳能发电分解水获得，在这个意义上，氢可以说是取之不尽，用之不竭。因此，近年来有关氢能的利用，成了能源学家研究的热门课题。像在体育竞赛中谁都希望夺取冠军一样，在如何利用氢能的竞赛中，各国的能源专家都想争夺第一。

由于汽车和飞机是燃烧石油的大户，也是污染空气的祸首。为了改进城市的空气质量，日本、美国等工业国的能源专家最希望氢能在汽车和飞机上大量应用，于是他们在这方面展开了激烈的角逐。

在这场角逐中，第一个回合看来是日本领先。1984 年，日本川崎重工业公司第一个成功地利用金属氢化物制造出世界上最大的储氢容器，储氢容量达到 175 标准立方米，相当于 25 个有 150 个大气压的高压氢气罐的容量。储氢容器是由富含镧的混合稀土加入镍铝合金形成的储氢合金制造的。并于 1985 年将储氢合金容器成功地用在丰田汽车的四冲程发动机上，在公路上行驶了 200 千米。

1990 年，日本武藏工业大学制造了一台使用液氢作燃料的汽车发动机，取名为"武藏 8 型"，装在日产汽车公司的一辆"美女 Z 型"的车身内，可使汽车时速达 125 千米。这台液氢发动机的特点是点火性能好，而以前的氢气发动机点火困难，必须在燃烧室装一个 900～1000 摄氏度的电热加热体，耗电量大，电热体寿命也短，因此汽车启动后的连续行驶里程不长。

新的液氢发动机容易点火，火花塞的使用寿命增加了，耗电量则减少了。灌一次液氢可连续行驶 300 千米，每升液氢可使汽车行驶 3 千米。这辆车车身重量为 1645 千克，发动机功率为 73.5 千瓦。这辆汽车在 1990 年 7 月 26 日于美国夏威夷召开的第八次国际氢能会议上展出，吸引了许多科学家和工程师的注意，因为它是氢燃料汽车向实用化迈出的可喜的一步。

美国和俄罗斯在研制氢能汽车上虽然落后了一步，但并不甘心，于是在研制氢能飞机上大下工夫，试图在氢能飞机上夺取金牌。1988 年 4 月 15 日，在苏联的某机场上空，高速飞行着一架图—155 型飞机。这架飞机有些古怪，所有的供给发动机燃料的管道不是安在机身内，而是特地安在机身的表面上。原来这是由著名的阿·图波列夫设计局设计的一架以氢气作燃料的飞机，液氢储存在飞机尾部。为了保证安全和防止液氢意外泄漏引起危险，供给氢的管道全部由机身内改装在机身外，并

且还安有监视氢气泄漏的特殊传感器和信号报警装置，万一发生氢气泄漏，飞行员就会收到报警信号，然后可立即强行通风，吹散危险的氢气。这架飞机满载液氢燃料后，在高空试飞了 21 分钟并且安全着陆，揭开了世界飞机发动机燃料史上新的一页。图—155 型氢能飞机试飞成功，引起了参加 1988 年 9 月在莫斯科召开的第六次国际氢能会议的代表们的极大兴趣。

美国航空航天局从 20 世纪 80 年代末开始，研制一种比音速快 20 倍的超音速飞机，也是采用液氢作燃料。预计它从地球的一边（例如纽约）飞到地球的另一边（例如新加坡）只需要 3.5 小时。但预计这种飞机要到 2000 年前后才能投入试验。

俄罗斯也在加紧研制超音速液氢飞机，但设计速度不如美国的高，比音速快 5～6 倍，这种飞机从莫斯科飞到东京用不了 2 小时。它的机身长 100 米、宽 4 米，可载乘客 300 名，可在同温层中飞行，因为同温层空气阻力小。这种飞机也是以氢作燃料，但在降落时可使用普通燃料。

97　将富余的电力存起来

——超导储能装置

自从世界上以电力作为主要动力以来，就遇到两个令人头痛的难题，一是输送电流时，不少电力因导线有电阻而发热，白白损失了相当多的电能；二是白天的电力常常严重不足，而夜间的电力又大大富余，搞得发电机白天超负荷运转，而深夜却空转，白白浪费电力。

于是，能不能把夜间富余的电力储存起来以弥补白天电力的不足，

就成了一大难题。20 世纪 90 年代之前，大多是采用"抽水蓄能"的办法，即在电力富余的时间里，用多余的电力把处在位置较低的水库的水，抽到一个位置较高的水库内，等到电力不足时，立即从高位水库放水，进行水力发电，以保证电力系统正常运转。

早在 1892 年，欧洲就建造了第一座抽水蓄能发电站。到 1989 年，世界上至少有 200 多座这种电站分布在 60 多个国家和地区。我国在广州和北京十三陵也建造了两座大型抽水蓄能发电站。

但这种方法有不少缺点。一是抽水时本身要消耗大量电力，蓄能效率只有 70％。二是建立高水位水库占地面积大，每储存 1000 千瓦时的电能，需要

上图为美国巨型超导蓄能装置的剖面图，下图为超导线材和片材

建立 1400 立方米的水库。三是这种方法调节电力余缺的反应速度慢，从缺电信号发出到蓄水池发电，通常要经过 15 分钟。这种速度很难满足现代的许多特殊用电要求，尤其是战争中需要快速反应时，蓄水发电常常延误战机。

自从 1911 年科学家发现超导材料以后，人们很快想到利用它来储电蓄能。1987 年，美国国防部为适应"星球大战"的需要，决定建造一个用超导材料储电的蓄能装置，在和平时期可向居民供电；在导弹袭来时，可为激光武器供电，用激光摧毁导弹。

因为超导材料没有电阻，它的蓄能效率高，可以回收 98％的多余

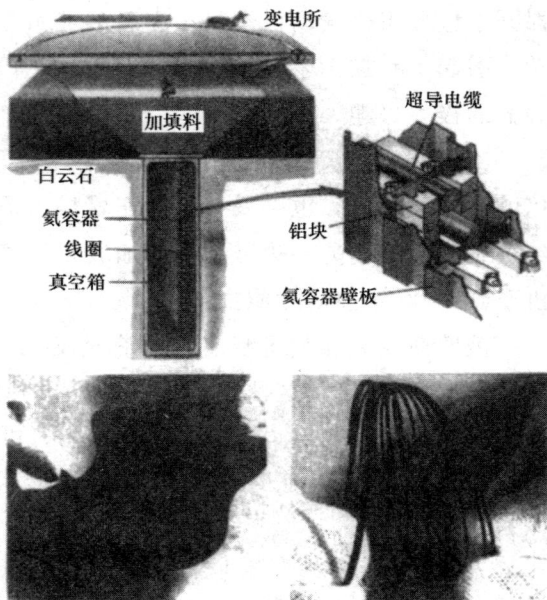

电力，而且反应速度快，一旦需要电力，在 0.3 秒内就可以从超导储能线圈中把电流引出来送到任何电网。这对"星球大战"时所需电力是非常重要的。

现在美国已设计并着手建造一个可以储存 500 万千瓦时的巨型超导蓄能装置，它像一个巨大的轮胎，深埋在地下的核心部分是用超导材料做成的蓄能线圈。它的直径就有 1568 米，储存的电力足以供几十万人口的城市照明用电。

超导材料所以能蓄电，是因为它没有电阻，只要把电"注入"超导线圈，电流就可以无休止地在线圈中流动而不会损耗。超导材料不仅可以蓄能，而且是节能省材的极好材料。比如用超导材料导线输送电流不会产生任何损耗，导线也可以做得很细；用它作发电机的线圈可以做得很小，如一台普通大型发电机需用 15～20 吨铜丝绕成线圈，如果用超导材料作线圈，只要几百克就够了，而发出的电力却一样。因此超导材料是最好的能源材料。

98 "纸上谈兵"保密八年

——高能空天飞机发动机设计的遭遇

凡看电视的人，大概都见过美国发射航天飞机的情景：载有航天员的航天飞机，像一只大蜻蜓趴在巨大的火箭上。火箭起飞后，在垂直上升阶段就要动用机上的氧气来燃烧燃料，因此地面工作十分复杂，每次发射的耗费十分巨大，原来想用航天飞机降低向空间运输货物和乘员的成本的设想根本没有达到。

因此，从 20 世纪 80 年代中期开始，一些国家出现了空天飞机研究

热，因为空天飞机可以水平起飞，在低空时可以利用大气层中的氧。空天飞机能否成功，其中最关键的是发动机的设计。各国为了在空天飞机的设计中夺得冠军，明争暗斗，各不相让。

1983 年，英国的发明家艾伦·邦德为取名为"霍克号"的空天飞机设计了一台独特的发动机，并向英国专利部门申请了发明专利。在英国，重要的发明要经过一个保密委员会审查。由于邦德的发明有可能用于军事目的，结果保密委员会也不能做主，又把它提交给英国政府处理。

英国政府审查后认为，这种新设计的发动机属于重要国家机密，不得向外界公布。从此，这项发明被送到了谁也看不到的地方，严密保护起来。这台发动机为何如此神秘呢？原来它性能独特。当它在低空时，其性能就像一台喷气式发动机，可以直接从空气中吸收氧使燃料燃烧；当飞到空气非常稀薄的高空时，它又能自动成为一台火箭发动机，自动利用机内储存的液氧。这样，它就能让"霍克号"空天飞机像普通喷气式飞机一样水平起飞，又能在太空完成任务后，像航天飞机一样向地球安全降落。

邦德发明的这种两用发动机，在低空低速飞行时，吸收空气中的氧并点燃液氢燃料，而不是点燃通常用的航空煤油。液氢和空气燃烧产生的能量相当于煤油和空气燃烧时产生的能量的 2.8 倍，因此在发动机转变成火箭方式飞行之前，就能让空天飞机加速到音速的 6 倍。

尽管它的性能先进，但要制造它却需要大量资金。可是，又由于它属于国家机密，根本不能向外界谈论这种发动机，因此很难找到外国的合作伙伴来资助这个项目。而英国政府的财力又不足，结果这台发动机只能是"纸上谈兵"。为此，英国政府在 1991 年 4 月不得不对这一机密解密，并由英国专利局迅速批准其专利权。1991 年 8 月 14 日，这项被严守了 8 年的国家机密，终于公布于世。

现在，任何人都可以从公布的专利说明书中，看到这台能空天两用的发动机是如何设计的。外行人当然是看不懂的，但内行一看就明白其

中的原理。据专家们说，其中的关键是热交换器的设计，邦德用了一个壁厚很薄的镍合金作热交换器，成功地解决了发动机由低空到太空时，由喷气式转变成火箭式发动机的技术难题。

从这个故事，我们能得到一些什么启示呢？英国政府对于一项科学技术上的新发明，在"纸上谈兵"8 年后才不得不把机密公开。它表明，战争曾经促进了科学技术的发展，但它也是一把双刃剑，军事机密也使许多先进技术得不到迅速发展。

99　别出心裁的实验

——用液氮开汽车

现代的汽车大都是用汽油作燃料开动的，当然用能燃烧的其他能源或电能也可以开动。比如，天然气、氢气、煤气甚至酒精都可以把汽车开得飞跑。但凡是能燃烧的能源，除氢气外，都会放出二氧化碳或一氧化碳和其他有害气体，污染环境。因此，有人想起用氮气来开汽车。

氮根本不是燃料，它能开动汽车吗？回答是肯定的，这似乎有些奇怪。但美国西雅图华盛顿大学的荣誉教授阿贝·赫茨伯格于 1997 年 8 月宣布，他领导的一个科研小组改装了一辆老式的邮政车，它的发动机像老式蒸汽机一样工作，但其中的蒸汽不是用水，而是用液氮。

传统的燃煤蒸汽机用锅炉将水烧成高压蒸汽，用来推动活塞式发动机发电。而赫茨伯格的发动机用的是液氮，液氮就是在低温高压的条件下将氮气压缩冷冻成为液体，所以，在常压的条件下，它在—196 摄氏度就会沸腾，因此不需要外部的燃料源。人们只要经过一个空气热交换器，就能使液氮汽化，汽化的液氮产生足够的压力就能开动活塞式发

动机。

排气管排出的是纯净的低温氮气，不会产生任何污染，而且能帮助消除温室效应阻止全球变暖。赫茨伯格说，生产液氮当然也要消耗能源，但生产液氮比较便宜。自从世界上以电力作为主要动力以来，就遇到一个令人头痛的问题，就是白天的电力常常严重不足，而深夜电力又大大富余，高得发电机常常白天超负荷运转，深夜时却空转，白白浪费许多电力。能不能把夜间的电力充分利用起来呢？完全可以，这就是利用夜间多余的电力将空气中的氮冷却成液氮，由于是"废电"利用，因此液氮成本不高，汽车行驶每千米用的费用还会比汽油低。

和其他燃料比，液氮另一个更重要的优点是不仅不产生有害气体，还能减少有害的二氧化碳。因为在用空气制造液氮时，空气中的二氧化碳在氮变成液体之前早就冷凝成固体了，因此可以在生产液氮时从空气中分离出这种温室气体，为防止全球变暖作出贡献。得到的固体二氧化碳（即干冰）还可以有其他用途。

赫茨伯格的实验性液氮发动机汽车，用 180 升液氮可以行驶约 160 千米。如果将液氮箱的容积增加到 360 升，估计可行驶 400 千米，和电动汽车行驶的距离相当。赫茨伯格在 1997 年 8 月上旬在圣迭戈举行的汽车工程学会讨论会上宣布了他们的研究成果。但有人怀疑这种汽车是否实用，因为要使液氮始终处在液体状态，必须有足够的保温设备使它在不使用时保持成液状的低温。这样就不得不为液氮准备足够大的低温液氮箱，而且装的液氮越多，箱子就越大。如果液氮箱占用的体积太大，这样的汽车就失去了实用价值。比如，美国普林斯顿大学能源和环境研究中心的罗伯特·威廉斯说，如果一辆汽车的液氮箱就占了 360 升的空间，那这辆汽车大部分就是发动机和液氮箱的位置了，还剩下多少空间供旅客乘坐呢？而且还可能出现液氮引起的冻伤，形成新的公害。

尽管有不同的意见，但赫茨伯格的实践仍不失为一种新颖和有创意的科学实验。